湛庐 CHEERS

与最聪明的人共同进化

HERE COMES EVERYBODY

消极情绪的力量

THE UPSIDE OF YOUR DARK SIDE

[美] 托德·卡什丹 Todd Kashdan
罗伯特·比斯瓦斯-迪纳 Robert Biswas-Diener 著
王索娅 王新宇 译

浙江人民出版社
ZHEJIANG PEOPLE'S PUBLISHING HOUSE

托德·卡什丹
TODD KASHDAN

THE
UPSIDE
OF
YOUR DARK
SIDE

积极心理学领域的领军人物

托德·卡什丹是美国乔治梅森大学的心理学教授，也是该大学社交焦虑与性格优势实验室主任。他与美国前第一夫人希拉里、积极心理学创始人马丁·塞利格曼一起，被《心理月刊》杂志评为“58 位改变我们生活的人”。2010 年，卡什丹获“杰出教授”称号；2013 年，卡什丹获美国心理学会颁发的“心理科学杰出贡献奖”，成为积极心理学领域的领军人物。

从纽交所英才，到踏上心理学的追梦之旅

卡什丹在大学时专攻投资银行学，毕业后进入纽约证券交易所工作。一天晚上，卡什丹向朋友抱怨证券市场枯燥乏味，只有希斯赞特米哈伊的著作才能让他保持头脑清醒。朋友问道：“为什么不去学习心理学呢？去喂饱你那如饥似渴的大脑，把股票投资放到业余时间去做。”

一语惊醒梦中人，卡什丹离开华尔街，开始了心理学的追梦之旅。他首先加入了心理学家阿瑟·阿伦(Arthur Aron)的团队，为阿瑟担任免费助手，为此，他甚至花光了自己的全部积蓄。

1998年，卡什丹开始在纽约州立大学布法罗分校学习临床心理学，研究社交焦虑对人的影响。此时，恰逢积极心理学的创始人之一马丁·塞利格曼当选美国心理学会主席，积极心理学迎来了蓬勃发展的机会。于是，卡什丹也将他对焦虑的研究延伸到积极心理学领域。他把自己的兴趣爱好发展为自己的事业，成功实现了个人发展的“领域突破”。

用尖端科学帮人们达到状态最佳

卡什丹的研究目的是运用尖端科学帮助人们在生活和商业中达到最佳状态。目前，卡什丹在乔治梅森大学社交焦虑与性格优势实验室的研究主要涉及两方面：一是探索人们为什么会感到痛苦；二是探索幸福感的本质。卡什丹对如何培养和维持生活中的幸福和意义，应对压力和焦虑，保持正念，建立社会关系和进行自我调节做了大量研究，致力于发掘生活中那些被人们忽视的幸福决定因素。

卡什丹的研究被刊登在《纽约时报》《华尔街日报》《华盛顿邮报》《奥普拉杂志》等主流媒体上，英国广播公司(BBC)、美国有线电视新闻网(CNN)和哥伦比亚广播公司(CBS)等媒体均对卡什丹进行过专题报道。卡什丹在TEDx大会上的演讲也广受欢迎。

至今，卡什丹已累计进行了300多次国内外演讲，其中包括对12个国家的不同机构所做的演讲，这些机构包括美国国防部、世界银行、荷美尔、通用磨坊、梅塞德斯－奔驰、盖普和渣打银行等。

罗伯特·比斯瓦斯 – 迪纳

ROBERT BISWAS-DIENER

积极心理学领域的印第安纳·琼斯

罗伯特·比斯瓦斯 – 迪纳是全球免费心理学资源分享平台 Noba 高级编辑，美国波特兰州立大学心理学讲师，曾任英国应用积极心理学中心（Center for Applied Positive Psychology）项目总监。因走遍全球，研究不同文化中人的主观幸福感，罗伯特·迪纳也被称为“积极心理学领域的印第安纳·琼斯”。

研究快乐的足迹遍及全世界

罗伯特·比斯瓦斯 – 迪纳的父亲是国际上享有声誉的幸福学研究的创始者之一——埃德·迪纳（Ed Diener）。埃德首先提出了“主观幸福感”的概念，并一直致力于研究如何有效界定快乐以及衡量不同文化对快乐的影响，等等。

父亲的熏陶与对外国文化的浓厚兴趣，促使罗伯特在研究心理学时实现了“地域突破”，他选择到一些之前心理学家从未踏足的地方，如格陵兰岛、非洲大草原和加尔各答的贫民窟进行快乐研究。

罗伯特对快乐的实地研究几乎遍及全世界。他去过迪拜的黄金集市、伊斯坦布尔的大市场、梵蒂冈花园、摩洛哥山村、格陵兰岛的因纽特人聚居地、中国台湾的文化节、柬埔寨集市，等等。每到一处，罗伯特都会积极地与当地居民进行交谈，搜集研究所用的资料。当时，《印第安纳·琼斯》系列电影正风靡世界，于是大家也都称罗伯特为“积极心理学领域的印第安纳·琼斯”。

将快乐研究从实验室延伸至日常生活

罗伯特和他的父亲一样，对普通人的生活有极大兴趣，但罗伯特把父亲的研究从实验室延伸到了人们的日常生活中。他通过开展培训的方式将快乐科学中的创新用于实践。罗伯特与人共同创立了“优势工程”项目（The Strengths Project），旨在“帮助弱势的个人和群体发现并发挥自己的优势，提高生活质量，获得新的生活”。该项目后来获得了欧盟“地平线 2020”（Horizon 2020）科研规划的资助。

罗伯特对幸福研究的贡献主要来自于他对外来群体幸福度的调查，尤其是那些生活简单、经常为心理学家所忽视的非典型受访者，如美国的阿米什人、肯尼亚的马赛人，以及格陵兰的爱斯基摩人。

罗伯特渴望自己能成为一名将科学知识深入浅出地陈述给大众的作家。而在罗伯特为非专业人士写的很多关于积极心理学的书中，《消极情绪的力量》就是其中之一。

积极心理学的本质其实是平衡

如何让积极心理学更好地影响人们的生活，让人们获得更多幸福、快乐的心理体验，是每一位积极心理学研究者都想掌控的科学密码。就像卡什丹和罗伯特在接受记者采访时说的那样：“作为积极心理学家和希望帮助人们生活得更好的人，我们的目标是让人们看到他们本来的样子，而不是你希望或者他们希望成为的样子。在这个多变的世界里，平衡困难与挑战的最好方法就是使用你性格的不同面，并渐渐适应原本让你不舒服的那一面。”

平衡，也许正是积极心理学未来发展的康庄大道。

THE
UPSIDE
OF
YOUR DARK
SIDE
/
序言

积极情绪并非获得圆满人生的万能药

在招募特种兵的测试中，最难的项目往往不是射击或者徒手格斗，而是一次看似简单的长跑。在这个项目中，士兵们需要在缺少睡眠和忍饥挨饿的状态下，从清晨就开始全副武装地跑步。而真正的考验在于，没有人知道终点到底有多远。全程可能只有 300 米，也可能长达 5 公里甚至 50 公里。

士兵们从踏上这条未知的征程起，就面临着艰难的选择。在他们中，有的人觉得终点近在咫尺，于是怀着夺冠的目标，一开始就全力以赴；有的人则把测试当成马拉松，蜗行牛步，谨慎地保存体能；有的人自行其道，相信自己的决心和意志；有的人则抱团取暖，相互鼓励打气。对于被试者来说，背着 30 公斤重的装备跑步是很辛苦，但是身体的负担仍不及心理压力来得重。许多人因为不知道终点在哪儿，精神几近崩溃。

借助这种目标模糊的测试，研究人员可以观察到被试者的潜在性格特质。虽然不是每个人都能成为特种兵，但我们在生活中或多或少都经历过类似的压力：如何明确目标？怎样激励自我？应该独立思考还是向他人求助？这些问题不只出现在职场中，也广泛存在于情感、健康以及生活中，关系到个人成长和事业成功的方方面面。很显然，通过特种兵测试的佼佼者们必备的特质就是应对消极情绪时的心理承受能力。各行各业的成功人士也具备同样的特质，他们遇到纠纷时可以迅速解决问题，在商业谈判中总能达成最佳协议，还能把坚韧的精神传递给下一代。

心理学家称这种特质为“痛苦耐受力”（distress tolerance）[1]。拥有这项能力的人可以很好地处理露营问题，他们可以在没有洗发水，没有抽水马桶，也没有东西能阻止吓人爬虫的环境中生活。这种人不会因为愤怒、愧疚、无聊等负面情绪很糟糕就回避它们。相反，他们选择忍受这些情绪带来的不适，甚至趁机从这些消极情绪中汲取力量。你也许会问，我只想过得开心，为什么要自找苦吃呢？我们完全同意，因为我们也希望你过得开心。但是痛苦耐受力之所以重要，并不只是因为它能让你成为露营专家或者特种兵，还因为它能让你更加强壮、睿智，思维更加敏捷。最为关键的是，它能让你的适应能力更强，幸福感也更为持久。

10多年来，我们通过研究病人、客户、学生以及小型公司、军队、《财富》百强企业等团体，发现了一种满足人生需求的新方法，我们称之为追求圆满（wholeness）。准确地讲，这种圆满指的不是幸福本身，因为幸福只是抵达圆满之境的一种副产物。

没有哪种情绪状态能一股脑儿地解决人生烦恼

总会有一些专家[2]，尤其是心理学方面的专家，声称某种情绪状态，比如开心、努力或者乐观是解决人生烦恼的万能药。但在本书中，我们提供了另一种思路：**没有哪种心理状态是最好的，每一种都很重要。**我们相信每一种情绪，即使是负面的、痛苦的，也都有它存在的意义和价值，而且一些研究成果也能支持我们的观点[3]。

愤怒就是一个很好的例子。研究表明，愤怒只有在极少数情况下，才会转化为无法控制的暴怒[4]，进而引发暴力事件。愤怒一般在个人权利受到侵犯时产生，它促使你挺身而出，保护自己以及你在乎的东西，维护你的安全领域。

尴尬产生的情形与愤怒相似，它有时是对于潜在羞辱的一种警示信号。在大多数情况下，尴尬的感觉只是在提醒你：你犯了一个小错误，需要改正。

哪怕是愧疚感，也没有你想的那么糟糕，它的产生意味着你破坏了自己的道德准则。你既可以选择改变自己的行为，也可以对准则本身进行调整。

THE UPSIDE OF YOUR DARK SIDE

所有心理状态都有其可取之处，与其只朝着某一种状态努力，不如学会利用各种状态带来的好处，尤其是利用那些让你讨厌的状态，直到你拥有掌控所有状态的能力。

对于一些人来说，人生不如意之事十有八九；而另一些人则认为，世事皆可乐，没有什么值得伤心的。所以我们并不建议只单独追求快乐或者痛苦，而是兼收并蓄，通过合理地切换这两种状态，达成平衡而稳定的圆满之境。简单来说，那些最健康和最成功的人，往往是能以平常心对待积极情绪和消极情绪的人[5]。他们能运用好全部的心理天赋，所以可以从任何情绪里汲取力量。

不过，圆满的境界并没有那么容易达到，因为我们总是倾向于追求一些让自己开心、舒适的情绪。一方面，快乐的时刻总是让人留恋，比如在接吻时，与爱人唇齿交融的兴奋感；或是在工作时，赢得同事们赞赏、肯定的自豪感。另一方面，我们还会因为痛苦而刻意回避或压抑其他一些情绪，比如愤怒和愧疚。但在实际生活中，我们总会因为情感破裂、比赛败北或者面试失利等产生不确定感、挫败感和愧疚感等消极情绪。**恰恰是这些消极情绪和经历给我们留下了最深刻且有益的记忆，帮助我们增长知识和经验，让我们变得更加成熟。**当我们学会像对待正面情绪一样，接纳和利用消极情绪时，那我们就离成功更近一步了。

积极心理学一定能让你幸福吗

当你决定投入时间研读本书，并且相信它的价值时，你或许会想，这两个作者都是做什么的呢？10 多年前，在积极心理学刚刚兴起时，我们就被这门崭新的学科深深吸引了。对于传统心理学来说，它是一场革新，因为它提出了解决一些经典问题的新方法。但是在心理学已经被焦虑和抑郁研究所支配的现在，积极心理学也到了需要革新的时候了。

来看一个简单的例子：弗洛伊德曾把性本能作为主要研究对象，并且认为人类的一切行为都源于性冲动。不过，后来的心理学家们反而有些回避对人类性行为的研究。心理学家跟大多数人一样，多少有点假正经。如果考虑到我们在实际生活中想起性行为、渴望性行为和发生性行为的频率，你也许会认为人类性行为才是历史上被研究得最多的主题。照这样说的话，人们应该更了解关于性的知识，而不是光速或者基因工程之类的东西才对。但是，在对一个专业的心理学研究数据库做检索时，我们发现：与性相关的研究记录只有 2 000 多条，而与抑郁相关的却有 20 多万条。现在真的是一个抑郁的年代！

随后，我们两个人又开始研究性行为能否作为对抗焦虑的一种自由且快乐的疗法。我们最关注的是那些社交焦虑症患者：他们因为害怕被拒绝，所以回避社交行为。我们征集了 100 多名参与者[6]，让他们汇报了近两周内所有人的数百次性行为，并对性行为过程中亲密、愉悦和高潮的程度进行了划分。研究结果证实，性行为确实可以改善他们的焦虑状况，即使焦虑症状出现在性行为的 24 小时之前。那些在性行为中感觉和对方建立了亲密联系的人，第二天的焦虑感会降低 10%。更棒的是，大胆直接、刺激火热的性行为，能让他们降低 25% 的焦虑感！

因此我们认为，把积极体验和所谓的消极体验，比如焦虑和抑郁放在一起讨论很有必要，甚至我们有可能会找出一条治疗消极体验的新思路。虽然我们一直在积极心理学的领域做研究，但我们都被现在流行的、那种近乎狂热的快乐哲学恶心到了。在过去的 15 年里，积极心理学从“关于积极体验很重要的温馨提示”慢慢地演变成了一种微笑的“法西斯主义”。

这种转变在目前的商业文化中体现得最为明显。30 多年前，杰克·韦尔奇入主通用电气时曾提出著名的“挑战性目标”理论。他认为，把员工放在一个更有挑战性的岗位上，能够加速他们的成长，提升他们的业绩。然而现在最流行的商业管理理论是所谓的快乐竞争力。这种理论认为，快乐的情绪可以转化为通向成功的竞争力。这个理论甚至还有数据支持：快乐的员工得到的客户评价更高，而且更愿意帮助其他同事，挣的钱也更多。所以快乐竞争力的传播者总能找到足够的证据，来兜售他们的职场万灵丹：积极心态。而那些与快乐哲学相左的研究结果，却往往得不到应有的重视。比如有研究表明，那些在工作中最满足的人，往往挣得很少，对工作流程也没有那么认真负责。

现在有些乘着快乐哲学的东风强势崛起的公司，已经开始为内部员工分级制度引发的不满而头疼了。例如曾被《财富》杂志评为“工作环境最好的小型企业”的鲁比话务公司（Ruby Receptionists），它的办公环境充满乐趣，员工们都为快乐的工作氛围而自豪，并且乐于助人。他们可以享受带薪休假、现场健身课、夏威夷旅行奖励以及其他许多的优厚待遇。90% 的时间里他们都开开心心，面带笑容。但是公司的管理者和员工们都不知道怎么处理剩下的那 10% 的时间，不知道怎么应对牢骚、挫败、钩心斗角等职业生涯中不可避免的负面体验。

我们渐渐地开始好奇，并且在研究中也越来越关注，人在生活中是否存在积极和消极的中间状态。

学会从消极情绪中寻找正能量

在 1972 年德国慕尼黑奥运会上，美国运动员弗兰克·肖特（Frank Shorter）正在为他职业生涯中最为艰难的一次挑战做准备：他要同时参加男子 10 000 米和马拉松比赛。他不知道的是，后面那场马拉松比赛将让他留名青史。9 月 10 日这天早上，肖特发现自己很难集中精神应对马拉松比赛。一方面是因为他在之前的 10 000 米长跑中发挥失常，仅排在第 15 名。而且他的队友，传奇跑者史蒂夫·普利方坦（Steve Prefontaine）在 5 000 米长跑的最后一圈中落后了，仅获得第 4 名，也无缘奖牌。另一方面，更重要的原因是，就在几天前，巴勒斯坦武装人员残忍地杀害了 11 名参加这场奥运会的以色列运动员。

对于肖特来说，面对这场马拉松比赛的心情恐怕就像坐过山车一样，在忧心忡忡和胸有成竹之间起伏不定。虽然状态欠佳，但是当他左右打量比赛的对手们时，想的不是在跑最后一段时，谁能超过他取得第 1 名，而是他到底能领先第 2 名多少米。不过他没想到的是，真的有人抢了他的“第 1 名”。就在他快要跑进体育场完成最后的赛程时，一个名叫诺伯特·苏豪斯（Norbert Sudhaus）的德国学生绕过警卫，跳进赛场，假扮成一名跑在最前面的运动员。更具有迷惑性的是，肖特在跑进体育场前，就听见了围观群众为假扮者欢呼的声音。肖特不得不在观众反应过来后发出的一片嘘声中，再次加速冲刺。尽管肖特遇到了精神、情感和生理上的诸多困难，最后他还是勇夺金牌。

弗兰克·肖特的传奇经历证明了，跑步就像生活中的许多事情一样，是对精神和身体的双重考验。尽管长跑看上去只是一项身体活动，基本上就只是一步一步跑下去。但它在很大程度上也是对精神意志的一种磨炼。我们曾经采访过十几名运动员，特别是长跑运动员。他们都说，在同一个赛场上，精神上和身体上的双重比赛总是在同时进行。许多运动员把比赛分为开始、中间和结束三部分。开始阶段是强烈的专注，中间阶段是深刻的自省，最后阶段则是最原始能量的爆发。正是最后那个阶段，直接证实了我们的观点。在最后的时刻，运动员更倾向于使用愤怒、自我批评和破坏欲等负面状态，来刺激自己发挥得更好。如果说积极心态和乐观主义在实现成功的过程中起到了 80% 的作用[7]，那么剩下的那 20% 则要归功于那些消极的情绪。

亲爱的读者，我们和你一样，也曾武断地抛弃消极情绪和负面想法，没有好好考虑过它们的益处。因为在健康、社交和工作领域，善良友好、富于同情心、正心静念、乐观主义和积极心态往往能带来显而易见的好处。我们也常因此忽略那些让人讨厌的心态所具有的真正价值。但是，大量的实验结果改变了我们的看法，因为我们发现了一个违反直觉的事实：

THE UPSIDE OF YOUR DARK SIDE

有时候幸福快乐的感觉反而会拖累我们，而一些消极状态却有可能带来更好的结果。

我们进一步发现，人类的心理存在一种圆满的状态，它符合我们对于科学和人生的全部理解。圆满的境界几乎在所有文明的神话传说中都占有一席之地，它是人类精神领域的一座丰碑。与其仅仅满足于积极、快乐、和善、爱和无私，为什么不去尝试拥有全部的情感和不竭的创造力呢？如果我们总是回避和忽视自身的黑暗面，那么我们将永远无法探索到隐藏在它背后的无穷潜力。

我们现在向你推荐的，是一本反幸福哲学书。通过本书，你可以获得一种更高等级的快乐，它是无法通过直接追求而实现的。实际上，一些新的研究成果表明，世界上没有通向幸福的直行道。

我们并不是要反对快乐、积极、善良和正念，而是要接纳它们。我们想问的是，你是否准备好去探索更广阔的领域，是否愿意和我们一起追求更高等级的快乐？要实现这一目标，我们需要接纳所有的心理状态，包括你之前忽视和回避的那部分。

在本书中，你将学到如何灵活掌控情绪、社交和思维模式。一旦你学会从消极情绪中汲取力量，你就真正踏上了通往圆满之境的道路。

你能从消极情绪中获得力量吗?

扫码获取完整题目及答案，
看一看你对消极情绪
有多了解

- 想要过得有意义并快乐，你需要一味压抑不适或痛苦的情绪吗?

  A. 需要

  B. 不需要

- 我们的精神压力的增长有可能来源于对舒适的追求吗?

  A. 有可能

  B. 不可能

- 你正在写一篇文章，但进行得并不顺利，这时如何做更容易找回灵感?

  A. 暂时停止写文章，出去散散步

  B. 逐条分析搜索到的资料，看看是哪里出现了问题

  C. 戴上耳机一边听轻音乐一边继续想如何写

  D. 将之前写的部分删除，逼迫自己重新写

扫描左侧二维码查看本书更多测试题

THE
UPSIDE
OF
YOUR DARK
SIDE

目 录

X

THE UPSIDE

1 关于情绪管理，我们的认识是错误的

OF YOUR

WHY BEING YOUR WHOLE SELF--NOT
JUST YOUR "GOOD" SELF--DRIVES SUCCESS
AND FULFILLMENT

DARK SIDE

在 16 世纪的丹麦，第谷·布拉赫（Tycho Brahe）[1]那特立独行的生活方式和他在自然科学方面的天赋一样出名。布拉赫的鼻子曾在一次决斗中被割下，然后他装了一个金属的假鼻子；他还常带着非常爱喝酒的宠物驼鹿参加派对。但是真正让布拉赫名留青史的是他对天文学的贡献。布拉赫没有直接接受那些传统的天文学或者神学观点，而是非常仔细地观察了夜空中所能看到的星星，并把它们一一记录了下来。他的笔记引发了一系列重大发现，其中包括恒星的诞生与死亡，这一发现推翻了恒星不灭的传统观点。抛开假鼻子和醉鬼驼鹿不论，布拉赫的工作确实为之后的天文学家，包括他的助手约翰内斯·开普勒，奠定了研究的基础，布拉赫也因此被称为“现代天文学之父”。

当代心理学也到了呼唤“布拉赫式革新”的时候了。直到现在，人们还是凭直觉相信那些能够让自己过得更快乐的理论，比如相信亚伯拉罕·马斯洛的需求层次理论。这一理论认为，人们必须先满足基本的温饱和安全的需求，才能追求自尊和自我实现。在日常生活中，关于“如何变得更快乐的建议”也并不少见：要善良、常怀感恩之心、减少通勤时间、花更多的时间陪伴家人和朋友、要节俭、做任何事情都要注意分寸。这些都是很好的建议，但是它们真的适用于所有情况或者永远正确吗？

值得庆幸的是，我们生活在一个心理学高度发达的时代：复杂的神经科学和精密的统计学，给心理学提供了更多的理论支持。智能设备的普及使人们的日常活动便于记录、分析，新的理论和技术也在不断发展进步。可以说，人们对于生活品质的理解发生了翻天覆地的变化，这正是“布拉赫式革新”到来的时候。在心理学领域，特别是在追求幸福这一主题上，新的理论提供了两种变革性的观点：第一，我们之前对于幸福的理解和追求方式是错误的；第二，我们可以做一些事情来纠正这些错误。

为什么追求了数千年，幸福离我们越来越远

人类在野外狩猎、采集的时代已经过去很久了，我们现在很少为住所、食物或者猎物担忧，于是自然也就把注意力转到了对幸福的追求上。有一项研究涵盖了来自 48 个国家的数万名参与者[2]，美国伊利诺伊大学的心理学家艾德·迪纳（ED Diener）和弗吉尼亚大学的日裔心理学家大石茂弘博士（Shigehiro Oishi）发现，世界各地的人们都把幸福看作最重要的事情，远远超过其他常见的个人追求，比如过有意义的人生、变得富有、死后进入天堂等。

在某种程度上而言，人们鼓励这种冲向幸福的行为，因为越来越多的研究认为，幸福不仅看起来很好，而且它确实大有好处。幸福研究员们把积极感受与利益联系在了一起[3]，这些利益包括更高的收入、更好的免疫系统功能，以及更和谐的环境等。人们不仅把各种追求与幸福挂钩，还找到了证据来证明积极情绪能带来这些结果。有一些研究者，比如北卡罗来纳大学的芭芭拉·弗雷德里克森（Barbara Fredrikson）甚至声称幸福是人类与生俱来的权利[4]。还有一种进化论的观点认为，幸福可以帮助人们创造个人和社会资源，而这些资源正是人类生存以及取得成功的前提。

但是这里仍然存在一个问题：如果幸福提供了一种进化优势，而且我们对幸福如此重视，拥有数千年追求幸福的经验，那为什么幸福还是没有普及到每一个人身上呢？为什么我们现在讨论的不是幸福有多么流行，而是抑郁和焦虑人群在飞速增长呢？埃默里大学的研究员科里·凯斯（Corey Keyes）调查了一个多样化的样本：超过 3 000 名不同年龄段的美国人[5]。他惊讶地发现，其中只有 70% 的人达到了心理殷盛（psychologically flourishing）的标准。

心理殷盛情况测量表

THE UPSIDE OF YOUR DARK SIDE

下面列出了 8 种表述[6]，你要根据自己同意或不同意的程度打分，来评估自己。1 ~ 7 分代表了不同的指标。

7 非常同意
6 同意
5 有一点同意
4 不同意也不反对
3 有一点不同意
2 不同意
1 特别不同意

- [ ] 我过着有目的、有意义的生活。
- [ ] 我的社会关系能够支持我的生活，对我是有益的。
- [ ] 我对日常活动很感兴趣，而且非常投入。
- [ ] 我积极帮助他人追求幸福。
- [ ] 我有能力而且满足于完成那些对我而言非常重要的事情。
- [ ] 我是一个好人，我生活得很好。
- [ ] 我对未来非常乐观。
- [ ] 人们尊重我。

得分说明：把以上这 8 种表述的得分加起来，总分最高为 56 分，最低为 8 分，较高的分数反映你拥有较多的心理资源和优势。

这个测试反映了什么呢？这个测试的结果显示，尽管人们非常关注幸福，但是他们在寻找幸福的道路上并不擅长做选择。我们并不是说你参加健身活动、进行冥想训练、去度假，或者把孩子送到 4 个不同的课外兴趣班都是在白费功夫，而是说对于人们无法达到幸福指标的要求这一问题，我们和你一样愧疚。一些新的研究显示，每个人或多或少都达不到这些指标的要求。

让我们先看看宾夕法尼亚大学的芭芭拉·梅勒什（Barbara Mellers）和她的同事蒂姆·威尔逊（Tim Wilson）、丹尼尔·吉尔伯特（Daniel Gilbert）所做的调查[7]。她们这“三剑客”做了一系列的研究，并将其取名为：情感预测错误。就像训练有素的气象学家也会犯一些影响天气预报的小错误一样，人们在预测某件事情在将来会给他们带来什么感觉时往往也会犯错。比如，我们会对自己支持的政治家赢得选举过于自信，或者过高地估计本地球队赢得比赛给我们带来的幸福感[8]；还会过度担心一些困难的事情，比如搬去一个陌生城市会带来的负面影响。

THE UPSIDE OF YOUR DARK SIDE

情感预测错误

梅勒什和同事们对有计划地采取避孕措施的妇女进行了调查。[9] 参与这项研究的所有妇女事先都没有怀孕的打算。研究者将这些参加妊娠测试的妇女分为两组，一组是害怕自己会怀孕的，她们希望妊娠结果是否定的；另一组是希望自己怀孕的，她们希望妊娠结果是肯定的。研究人员要求这些妇女预测一下如果她们期待的结果出现时自己会有多高兴。那些期待否定结果的妇女们认为，如果她们得知自己没有怀孕，她们会很庆幸，而那些期待怀孕的妇女们觉得，如果她们知道自己怀孕了的话，肯定会欢欣鼓舞。

让人意想不到的是，当妊娠测试结束时，既没有人狂喜也没有人苦恼。实际上，研究人员甚至没有在这些妇女的身上发现一点情绪波动。那些想要孩子的妇女们在得知自己没怀孕的时候并没有垂头丧气，她们只是有一点儿失望，然后就迅速回到了正常的情绪中。当然如果她们已经为怀孕尝试了数月或者数年，那么情况可能又会有所不同。然而，对于那些不想要孩子的妇女们来说，如果她们意外地有了一个小生命，她们也不会像自己预想的那么恐惧，她们的反应会更温和一些，甚至有一小部分人反而会感到开心。

这样看来，我们在预测幸福感时之所以会出现错误，其实是因为我们忽略了自己有能力去容忍，甚至适应那些让我们不舒服的事情。当然，对于新工作也是一样。第一周你会感觉战战兢兢，但过不了多久，你就会发现自己也能像老手一样游刃有余了。

每当你要做一个决定，你几乎都会考虑这个决定对自己未来情绪的影响，这也是你需要重视情感预测错误这一问题的关键。比如，你梦想买一栋乡村别墅，里面有 5 间卧室，外面有宽阔的草坪。尽管住在这里会让你去上班、探亲访友的通勤时间增加 30 分钟，但是当你想象自己在宽阔的阳台上喝咖啡的画面时，还是会把这些不便之处抛诸脑后；再比如，为了工作晋升，你牺牲了很多与家人相处的时间；又或是当你选择人生伴侣，决定要不要孩子，什么时候要孩子，挑选想要定居的城市时，你都会因为难以准确预测自己的感受，而草率做出决定。这样的状况并不只发生在你一个人身上，人们往往会高估自身对于积极事件的感受，而低估自己忍受烦恼的能力。所以我们在揣测自己未来的感受时，常常会猜错。

加州大学伯克利分校的艾丽斯·莫斯（Iris Mauss）所做的研究显示，全力追求幸福其实是一件值得商榷的事情[10]。莫斯有点像第谷·布拉赫，她并没有接受“我们应该追求幸福”这样的大众观点。莫斯更愿意通过调查研究，真正了解人类的“情感宇宙”到底是什么样子的。她甚至提出了一些很小众的问题，比如“人们需要追求幸福吗”。在一次研究中，莫斯和她的同事们发现那些非常重视追求幸福的人，反而会比其他人更容易感觉寂寞。在这个研究中，有一半的参与者阅读了一篇赞美幸福的诸多好处的假文章。通过参与者们的自述发现，这些读文章的人比没有读文章的人感觉更寂寞，甚至他们的孕酮值也更低，而孕酮是一种当我们与他人关系亲密时，其水平就会升高的激素。这一研究结果显示，过度重视幸福，也可能会影响身体健康！

简单来说，我们人类在预测未来的情绪方面实在是太差劲儿了，而且要命的是，**我们往往会把生活中的重大抉择都寄托在不准确的预测上**。我们购买电视、计划退休、答应约会等都是因为那些不完美的预测，我们总以为这些事情会让自己开心幸福。难怪我们常常在追求幸福时遭遇挫折，而那些宣扬幸福哲学的作者、教练和咨询师们却格外生意兴隆。

人们常常依据普世的价值观艰难地追求幸福，有的人甚至还遵循一些据说很有帮助的建议和步骤，但其实这都是没用的。这种情况其实和布拉赫的假鼻子有点像，它看起来非常逼真，但是它仍然不能帮助你闻到味道。所以关于幸福这件事，我们所有人不仅需要一套新理念，还要更完整地理解和认识幸福。

错误常识一：100% 的积极才会开心幸福

这个世界上永远存在着被拒绝的人、失败的人、自我怀疑的人、虚伪的人、失落的人、无聊的人和惹人厌的人，所以我们两位作者都反对把所谓的积极情绪当作人生的唯一追求，也不认为健康的标准就是人生的痛苦越少越好。

事实上，只有当我们不愿意去正视生命中那些不可避免的痛苦，比如不愿正视父母去世、夫妻离婚、晋升无望时，这种痛苦才会使我们受煎熬。然而当我们试图回避情绪、身体或者社交方面的不适感时，这份痛苦就会变得更加难熬。

THE UPSIDE OF YOUR DARK SIDE

我们应该做的不是努力获得更多的幸福，而是应该想办法接纳自己所有的心理状态，包括积极方面的和消极方面的，并且合理应对生活中发生的每一件事情。简单来说，我们要接受的是全部的自己。

在面对生活中那些不可避免的挑战时，如果我们不去尝试对那些消极想法和感受做一些无效且无意义的控制的话，我们的状况可能会好得多。

当一个人在做他觉得非常重要的事情时，有时候是需要从消极情绪中汲取力量的。科学研究显示，那些通常被定义为消极的事情往往比那些积极的东西更有益：

◎ 在学习中有疑惑，并且通过努力解决困惑的学生，往往比那些“一听就懂”的学生成绩更好。[11]

◎ 活过 100 岁的世纪老人们都觉得消极的感受更能促进他们身体的健康，让他们更有活力。[12]

◎ 如果警察自己也曾是个受害者，那么他在处理民众的案件时，往往能够表现出更坚韧的精神和更强烈的工作热情。[13]

◎ 在遇到家暴时，如果你选择容忍对方的身体侵犯和语言暴力，你往往会再次沦为受害者。[14] 然而那些拒绝原谅施暴者的人，则很可能不会再受到同样的侵害。

◎ 那些早上心情不好，却能在下午调整过来的工人，往往比一整天都开开心心的人更能投入地工作。[15]

研究显示，在创造力方面，经历过积极和消极情绪的人们提供的点子，比只有积极体验的人提出的点子要更好一些。工作中各种挑战带来的压力往往会激励人们去更好地完成任务。罗纳德·巴罗（Ronald Bedlow）和他的同事们一起完成了上述的最后一项关于工人们工作状态的研究，他们是这样描述研究结果的："我们认为，能够忍受消极情绪并努力调整自身状态是一种很强的适应力[16]。相反，如果回避消极影响，或者压抑自己的消极情绪，对于提高工作热情和个人成长都没什么好处。"

巴罗的研究团队特别强调了一个极为重要，却又常被忽视的事实：所有的情绪都是暂时的。人们在谈及快乐或者沮丧时，往往有一个预设，就是这些感受是稳定不变的。在现代积极心理学运动中，"持续的幸福"①这一观点越来越流行，就好像只要打开幸福的开关，微笑即成永恒一样。事实上，我们的心理状态是经常转换的，有的时候积极，有的时候消极。真正圆满的人可以在不同的情绪之间自由切换，以适应不同的情况。所以他们往往是最健康的人、最成功的人、最善于学习的人，他们能感受到最深层次的幸福和快乐。我们倾向于认可"二八定律"：**一个圆满的人差不多 80% 的时间是积极的，20% 的时间是消极的，并且他能从消极状态中获益**。我们并不是说这个比例就是确定的数值，只是将它作为一个经验总结，帮助大家了解圆满的人生体验。

① "积极心理学之父"马丁·塞利格曼专注于如何建立人们的幸福感，并让幸福感持续下去。其著作《持续的幸福》《真实的幸福》中文简体字版已由湛庐文化策划，分别由浙江人民出版社、万卷出版公司出版。——编者注

错误常识二：越舒适，越快乐

10 多年来，让大众焦虑的事件一直都是新闻报道的头条：战争、恐怖主义、体制僵化、次贷危机、儿童肥胖症。这些都是政治和经济方面的大事件，但是社会焦虑也因此在潜滋暗长。无论人们处在哪个社会阶层、智商有多高、从事什么职业，压力都像病毒一样到处蔓延。根据美国国家精神卫生研究所（NIMH）的资料[17]，有 20% 的美国成年人每年都会受到焦虑症的困扰。这个比例在青少年中更高，每年有 25% 的青少年深受焦虑症的折磨。当我们把时间尺度放宽时，焦虑人群的比例甚至更高：有 1/3 的美国成年人在一生中都曾或多或少地受到过焦虑症的影响。这些数据仅仅列出了那些被确诊患有焦虑症的人。如果我们把日常生活中的压力，比如害怕乘坐飞机、惧怕在公众场合演讲、担忧财务状况也算上的话，几乎每个人都是焦虑的。

然而吊诡的是，**我们精神压力的增长其实来源于对舒适的追求**。比如我们现在拥有空气净化器、自动加热座椅、偏光太阳镜、泡泡浴、防水夹克、电热毯，甚至还有完美贴合身体曲线的记忆床垫。我们身处一个特殊的时代：人们对于快乐的热切追求和对于痛苦的极端排斥都史无前例。谁都想过得开心，这无可厚非。但值得注意的是，我们现在不只在享受舒适的生活，而且早已沉迷其中。

为什么追求舒适反而会成为一个问题呢？想想在现代生活中常见的抗菌香皂你就明白了。这些香皂让我们处于一个比较卫生的环境中，但是我们对细菌的免疫力也因此下降了。所以，虽然古代的生活更为粗糙、原始，麻烦不断，但也正是这样的生活使我们的祖先更加坚韧、强健。同样的道理也体现在 1939 年英国的战时公益广告里：保持冷静，继续前进（Keep clam and carry on）。这句广告可以这样理解：炸弹是可能会落下来，但是生活还得继续，不用慌张，该干吗干吗去吧。想想当代的美国公益广告“保护环境，拒绝污染”，这句话的潜台词其实是：虽然我们有很多富余的生活物品可以扔，但是要扔你也得扔到垃圾箱里啊！实际上，当人们开始浪费东西的时候，恰恰说明这个社会已经达到了一个物质丰富、生活舒适的状态。

现代生活如此舒适便捷，我们自然也就倾向于回避所有的痛苦了。当我们一个人待着时，只要拿出智能手机，无聊立刻烟消云散！当我们在高速路上奔驰时，讨厌的红绿灯都不见踪影了！当我们下班回家打开电视时，什么烦恼都抛到九霄云外去了！大多数人没想到的是，这种看似自然的舒适选择，其实都是为了逃避痛苦。那些害怕被拒绝的人往往不愿与人交流，那些害怕失败的人往往不愿冒险，那些讨厌亲密感的人下班回家就会与电视和聊天工具为伴。回避才是我们日常生活的主题。

有两种回避行为会带来麻烦：**回避快乐**和**回避痛苦**。

你可能很难相信人们有时竟然会回避快乐，但是有些人确实不能享受快乐，因为他们认为应该把时间花在更重要的事情上，你可能也这么认为。人们有时还会担心，庆祝开心的事情会不会带来厄运。比如，我们害怕在庆祝一些好事，比如庆祝生日、职务晋升或者很棒的搏击课时，会招来太多的关注，怕这样反而会使他人疏远我们。心理学家把这种行为称为否定正面思考[18]。然而，当我们否定正面思考后，这些闪光的时刻就不再是我们生命的一部分了。如果我们拒绝与别人分享快乐的时刻，那么我们与别人的社会关系反而会渐渐疏远。如果我们不能享受积极事件带来的感觉，那么我们心情不好的时候，就很难调动积极资源来改变自身的状态。

另一种更为普遍的回避行为就是对所谓消极心理状态的回避，比如对愤怒和焦虑的回避。这有点像古希腊的享乐主义者，他们与提倡禁欲的斯多葛学派完全针锋相对，宣称最好的生活就是快乐的生活。但是这种快乐哲学的问题在于，人们可能会对消极事件过分在意。这种问题在现代社会尤其突出，我们常常会给朋友们这样的建议："要抱有希望""别再皱眉啦""振作起来"。更不用提弗里茨·斯特拉克（Fritz Strack）那项著名的"因为嘴巴微笑，所以就会快乐"的研究了[19]。这项研究发现，那些用牙齿咬住铅笔来无意识地创造出微笑表情的人，比用嘴唇夹住铅笔来无意识地创造出沮丧表情的人，有着更为清晰和积极的自我描述。成功学讲师们在那些令人尴尬的表演中，常常把这一研究作为强有力的证据，以告诉人们"要想真的成功，先要装得成功"。事实上，所有这些方法都是在告诉人们怎样摆脱消极情绪。然而不幸的是，回避问题往往就意味着不会找到解决问题的办法。

难道美国以前的民权斗士们在争取种族平等或者性别平权的过程中一丝愤怒都没有吗？难道一点遗憾都没有的人生就是完美的人生吗？难道你指望去陌生国度旅行时一切都能按照计划进行吗？难道你希望一生都不用做出放弃目标的痛苦抉择，而是一条路走到底，哪怕成功的希望渺茫？人们往往对消极状态抱有成见，但是回避消极状态的行为却阻碍了我们成长、成熟，影响了我们对人生意义和价值的探求。

我们应追求圆满心境而非满足于积极感受

现在也许是时候解释一下，真实生活中的"圆满"到底是什么样子的了。我们寻求了一些科学家的支持，他们认为不同的个人经历就像在各种研究中占主导地位的幸福标准一样，具有十分重要的指导意义。通过分析一个人的日常生活经历和故事就像血液检查或者照X光一样，能够检测出其生活质量的高低。比如车爆胎了、开会迟到了、遇到一个非常有趣的人、看到了一次非常漂亮的日落等，这些经历反映了我们生活中的成果、败绩、态度、渴望和向往，能让我们更加确定自己是谁、希望自己成为什么样子以及想如何实现自己的目标。本着这种精神，我们接下来会简要地讲述三个人的故事，他们的经历诠释了“圆满”的方方面面。

超越自我怀疑

尽管詹妮弗已经是美国太平洋大学临床心理学专业的三年级研究生了，但是每当她打开邮箱时，都会担心收到一封终止自己学业的邮件。在她的想象中，这封邮件可能是这样的：“詹妮弗，我们很遗憾地告知你，我们在录取你的时候犯了个巨大的错误，你的入学申请本来是不能通过的。”詹妮弗和许多人一样，常常怀疑自身的能力，这种感觉被称为“骗子综合征”（Impostor Syndrome）。当人们进入一个新的领域，比如工作得到晋升、改变了职业、升学时，这种情况尤为普遍。这种自我怀疑的感觉往往会让人很不舒服，甚至感觉很痛苦。在一些极端的情况下，这种不安感尤为强烈，甚至让人们想拒绝改变的机会。

然而，许多人没能意识到的一点是，在一定程度上，怀疑是有益的。**怀疑的心理状态会促使我们评估自己的能力，改善自身的不足。**克利夫兰州立大学的研究员卡尔·惠特利（Karl Wheatley）认为，至少对于学校老师而言，怀疑是有好处的[20]。他指出，老师们对自身能力的怀疑，会促使他们与其他同事合作，这不仅有利于个人的自省和成长，还能让他们勇于面对变化。

在詹妮弗后来的故事中，作为一个经验还不够丰富的心理治疗师，她可以用她的怀疑来甄别来访者，把自己目前无法处理的问题转介给其他有经验的治疗师，而留下那些她可以治疗的来访者。等她自己的能力提升后，她还可以通过怀疑来激励自己提升能力水平，监督治疗成果。詹妮弗没有压制或者抗拒自我怀疑，而是将它视为一种个人提升的方法，因而成功地取得了一级心理治疗师的资格，并且目前还在不断进步。

勇于放弃的品质

1995年，瑞典冒险家戈蓝·克洛普（Göran Kropp）为当时因过度商业开发而膨胀的珠峰登山队伍，树立了一个新的极限运动标杆[21]。克洛普与以往的登山者不同，他从不依靠氧气瓶、固定绳和梯子，也不请向导、背行李的脚夫，甚至不使用任何现代化交通工具。从瑞典到加德满都，他一路骑行，全程1.2万多公里。随后，他又靠自己一人将全部行李背上了珠峰大本营，踏上了充满陡崖、坚冰和大雪的征程。然而在冲击山顶的那一天，就在离世界最高峰不到100米的地方，他做了一个艰难的决定：回头下山。根据当天下午的天气状况，他判断自己有可能在继续前进时因为天暗、低温和疲劳发生意外，所以毅然放弃了登顶。

在前期投入如此之多，距离目标如此近的情况下，克洛普还能做出回头的决定，这份自控力实在惊人。在事后看来，他确实有先见之明。就在克洛普下山一周后，发生了震惊世界的1996年珠穆朗玛峰事故[22]。当时有好几支登山队出于对登顶的狂热执着，错过了约定返回的时间，被恶劣的天气困在山上。这次事故最终导致8人死亡，这是珠峰登山史上最严重的一次事故。在这种背景下，克洛普的决定可以说是挽救了自己的生命。这也说明了，“坚持可贵，放弃可耻”的观念并不绝对正确。

有目标是一件好事。**有明确目标的人，心中自有衡量成果的标杆[23]、评价行为的标准、步步为营的计划和指引方向的罗盘。**企业通过目标管理来提高员工绩效，球队靠目标①来获得胜利。对很多人来说，有目标才会有努力，若为了目标而奋斗，那么离成功也就不远了。拳王阿里曾说：“我讨厌训练的每一分钟，但是我告诉自己，不要放弃。忍受在先，此后的一生都将会是冠军。”[24]他是在告诉人们，要想成功必须加倍努力，放弃是为懦夫和弱者准备的。

① 英语中goal有“目标”与“进球”的意思，此处为双关语。——译者注

你可能已经猜到了，我们现在就是要挑战这种蔑视放弃的观念。当然，放弃毫无疑问会带来心理层面的不适感，但是对于目标的盲目追求有时也会演变成类似于“淘金热”的愚行。这方面最广为人知的就是1859年加利福尼亚州淘金潮的故事了：淘金者们花费了大量的体力、精神和钱财，最后什么也没得到。伊利诺伊大学的研究者伊娃·波梅兰茨（Eva Pomerantz）认为，对于目标的过分投入可能会导致焦虑，增加心理负担[25]。当人们用失败可能导致的负面结果来逼迫自己不断努力的时候，这种情况尤其明显。

那些比较典型的、讨人厌的消极情绪，比如悲伤、沮丧、怀疑、困惑甚至愧疚，都有一个好处，就是能把我们从无法实现的目标那里拉回来。它们发出的是停止、撤退、反思以及保存体能和资源的信号。它们的作用就是在我们为了不切实际的目标、已经沉没的成本而继续投入时，提醒我们果断止损。那些心境圆满的人会设置弹性的目标，在进展顺利时持续投入，在目标无望时迅速调整，转向新的方向。

幻想人生的价值

梅勒妮·鲍姆加特纳（Melanie Baumgartner）从学生时代开始就梦想成为一名法官。但是在大学时她坠入了爱河，逐渐远离了原有的人生目标。梅勒妮没有继续在法学院深造，而是选择成为一名全职家庭主妇。不过在接送孩子们上下学时，她偶尔还会幻想自己过上了另外一种生活，在法庭手握法槌、主持正义的样子。

心理学上有一种现象叫作“企慕情境”（sehnsucht）[26]，它是人们对于错失的机会和无法实现的目标的一种浪漫幻想。研究表明，企慕情境能够帮助人们缓解可望而不可即的痛苦，给人带来情感上的满足。不过美国人是例外。与欧洲人不同的是，美国人相信梦想是可以实现的，让梦想沦为幻想是消极的。但是幻想确实有价值。

现在梅勒妮的孩子们都已经长大成人，她可以回到法学院继续深造了。但是她发现自己想当法官的愿望已经没有以前那么强烈了，因为她已经在幻想中获得了满足。企慕情境常被心境圆满的人用来处理“另一种可能”带来的烦恼，能够有效缓解后悔和失落的感觉。

没有人喜欢痛苦。我们既不希望你因为梦想受挫或者爱人出轨而伤心欲绝，也不推荐你在冰水里屏住呼吸来磨炼意志。我们想说的是，一味追求快乐、回避痛苦并不能让你过得更好。我们希望你能追求圆满的心境，而不仅是满足于积极的体验。

心境圆满的人有一个核心特质，他们能处理好生活中的所有事情。他们拥有灵活的情绪掌控力，在任何情况下都能做出恰当的反应，不管是积极的还是消极的反应。他们能根据需要，表现出截然相反的性格特点：有时严肃，有时诙谐；时而热情，时而冷淡；偶尔外向，偶尔内向；既能无私，亦能自私。他们很随和，但是不会随意浪费时间和精力。

心境圆满带来的强大力量

心境圆满的人不会受社会偏见的影响，对所有品质都一视同仁，并会因此而受益。在下文中，我们将详细说明心境圆满者在情绪、社交、心理等方面灵活的掌控力，这样你就能理解圆满的博大壮丽和美妙之处了。

灵活的情绪掌控力

圆满意味着接纳消极情绪，而不是排斥它。这一点在成功的心理治疗案例里可以得到体现。人们一般认为，心理治疗的作用在于帮助来访者解决抑郁等问题，并找到办法强化来访者积极的一面。

THE UPSIDE OF YOUR DARK SIDE

接纳你的情绪

来自富兰克林欧林工程学院（Franklin W.Olin College of Engineering）的乔纳森·阿德勒（Jonathan Adler）和来自纽约大学的哈尔·赫什菲尔德（Hal Hershfield）想通过实验来判断这一观点是否正确。[27] 他们深入跟踪调查了 47 名接受心理治疗的成年人，这些人大多面临着焦虑、抑郁或者因初为父母等角色转变带来的压力问题。阿德勒和赫什菲尔德想知道，治疗究竟是怎样帮助他们解决问题、提升生活质量，并真正地接纳自己的。

调查结果很让人吃惊。这些接受治疗的人并不是消极情绪越来越少，积极情绪越来越多，然后觉得比以前开心。实际上，他们真正好起来是因为他们比之前更能接受不同情绪混在一起的感觉。这些既高兴又悲伤的情绪可能来自工作、家庭或者其他任何方面。下面这段话是一位来访者经过几次治疗以后的体会：

我最近几周都过得不太顺。我妻子刚刚做完第 9 周孕检，情况良好，我们都很高兴。她上一次怀孕时，在第 9 周的时候流产了。但是我也很忧虑，因为我还没找到工作，而且我妻子的奶奶也病危了。这种感觉有点像“生命无法承受之重”。不过我同时又觉得自信和高兴。我并不是感觉不到悲伤，而是仍然对生命中美好的事物充满感激，特别是我的婚姻。[28]

这项研究给我们最重要的启示在于，这位丈夫，以及其他像他这样的人，能够同时体会到生活的积极面与消极面，并因此过得更好。相反，如果你只追求生活的积极面，那就无法真正地掌控情绪。所以，我们应该追求圆满、完整的人生，以平常心应对生活中的起与落，喜与悲。

灵活的社交能力

人类作为哺乳动物是一种社会性生物。我们和生物学上的近亲黑猩猩一样，具有发达的大脑，能够完成复杂的社交行为。比如说，我们很容易察觉到对方微妙的表情变化，但是狗、猪和老鹰却做不到。我们的大脑还有高度进化的语言功能，可以描述大量复杂的事物，表达各种想法和愿望。

人类是如此依赖社交，以至于研究者们认为，没有人可以完全独立地生存。来自伯克利的心理学家达切尔·凯尔特纳（Dacher Keltner）认为，慷慨、好客和仁慈是我们的天性[29]。虽然人性也有自私、欺骗、贪婪等不好的一面，但是我们总是倾向于相信人类的良知和善意。事实上,我们也常常教育孩子们，善良是最高的美德。

善良的好处看起来有很多：善良的人活得更长，挣的钱更多，他们还是社会宣传的榜样和模范。而且善良的人善于营造良好的私人关系，不会因为童年不幸形成的性格问题而影响自身的交际。但是如果你对社交规则理解得足够深入，你会发现真实的社会并没有那么美好。不论是恋爱关系、工作关系还是朋友关系，我们都必须有选择性地保留善意。没有人能够让所有人都满意。我们的时间和精力都是有限的，必须把它们留给真正重要的人。

有时候我们甚至需要站在善良的反面。无论是作为父母、运动员、士兵还是企业家，我们都得学会拒绝。这种观念好像不太容易接受，但这么做是有道理的。即使是天下最耐心的父母，也有厌烦孩子的时候。为人父母有时候就像工作一样，也需要一定的休息时间。如果父母完全不考虑自己的感受和需要，那么他们的情绪便很可能在意外的情形下爆发，这样反而对孩子很不好。

在你把本书扔出窗外或者挂上二手商品交易网站之前，我们还得向你介绍一位科学界的英雄：耶鲁大学的社会学家埃丝特·金（Esther Kim）。她与一般学者的不同之处在于，她能走出象牙塔[30]，在真实的生活中做研究。金对于陌生人之间的互动特别感兴趣，曾经为了研究这个乘坐公交车跑了累计几千公里。金发现人们会采用各种微妙的手段，在公交车上避免让陌生人坐在自己身边的空座上。

其实我们都有过类似的经历：在乘坐公交车、火车或者飞机时，看到一个陌生人走过来，我们就会在心里默念“不要坐在我旁边，不要坐在我旁边”。金发现，人们用各种手段阻止陌生人靠近，并且在这方面的创造力简直惊人：有的人会戴上耳机，假装听不见陌生人询问旁边是否为空座；有的人会用自己的包占据空座；有的人满脸怒容，似乎择人欲噬；还有的人干脆躺倒，霸占相邻的座位。这些人的行为与其说是粗鄙，倒不如说是遵从人性。他们这么做是为了自身的安全和舒适，为了避免浪费精力与陌生人交流。金的研究说明了，我们都有不那么“友善”的一面。

灵活的社交能力指的就是，根据不同的环境和需求，调整自身行为的能力。拥有这种能力的人往往积极主动，行为具有选择性，因此能够反过来影响自身所处的环境。他们在不同的情形下，可以很热心，讲一些无伤大雅的谎话，也可以表现得咄咄逼人。他们有时自吹自擂，和别人打情骂俏，有时也对他人恭维奉承，殷勤周到。他们甚至常常提及最近自己做的家务，以获得伴侣或室友的信任和肯定。

灵活的社交者并不是唯利是图、不择手段的，不过他们确实有一套更为包容、灵活的社交准则，而不仅仅只是“善待他人”。有趣的是，很多时候我们打破规则，不是为了个人利益，而是为了帮助他人、增进感情，以及实现更有意义的目标。

灵活的思维模式

最近在心理学领域，正念（mindfulness）的概念非常火爆，俨然已是心理学界的巨星。正念源自佛教禅修文化，指的是有意识地、不带评价地对当下的一种观察。一般来说，人在正念状态下更为专注，也更加珍惜眼前的生活。随便找个书店，你都能看到成排的书架上摆满了正念饮食、正念教育、正念领导力之类的书，甚至还有正念扑克。权威专家们都说这种高度专注的状态，是人类最理想的思维模式，我们应该想办法进入并永远保持这种状态。

不过基于本书一贯唱反调的立场，我们得告诉你，这种正念状态是没办法持续的。想想你早上起来昏昏沉沉地刷牙洗脸，还有开车送孩子上学时全程“自动驾驶”的情况，你就能明白无意识状态对于保存精力，以应对更有价值的事情是多么重要了。这都归功于我们的潜意识系统，它能在没有意识参与的情况下自动处理很多信息。

在心理学研究中有一个特别有趣的领域，就是人们很容易受到潜意识暗示的影响。荷兰心理学家雅普·狄克斯特霍伊斯（Ap Dijksterhuis）就做过这样一个实验[31]：他让学生们在考试前先完成一篇作文，其中一部分人拿到的题目是“成为教授是一种怎样的体验？”，而这部分学生在之后的考试中，犯一些细节性错误的概率是 40%；而另外一部分拿到其他题目的学生，考试犯细节性错误的概率是 50%。

我们可以通过操纵潜意识，很轻松地改变自己的行为，养成更好的习惯。比如，有研究者曾在一次实验中，让一部分参与者闻到藏在实验室角落的清洁剂等卫生用品的气味[32]，随后再请参与者们品尝一些容易掉渣的饼干。结果发现，那些闻到气味的人，吃东西会更小心，而且用餐后也会处理好食物残渣。

潜意识还能帮助人们处理复杂的信息，比如说“考虑一晚再决定”的现象：人们在注意力分散的情况下，反而比殚精竭虑时做出的选择要好[33]。虽然在“关注此刻”方面，正念能起到很好的作用，但是它不应是我们追求的唯一目标。**我们应该利用好自身的全部潜能，根据需要在“正念”与“无念”两种心智模式之间自由切换**。这样我们才能保存宝贵的精力，专注于真正重要的事物。

THE UPSIDE

2
生活越舒适，人们越恐惧消极情绪

OF YOUR

WHY BEING YOUR WHOLE SELF--NOT
JUST YOUR "GOOD" SELF--DRIVES SUCCESS
AND FULFILLMENT

DARK SIDE

对社会学家来说，谷歌不只是一个搜索引擎。从某种程度上来说，它还是一个社会温度计，可以用来跟踪舆论走向或者统计潮流趋势。通过一个简单的图片搜索你也可以做到。当你在谷歌图片搜索框中输入关键词“痛苦”时，你会看到人们皱着眉毛、揉搓太阳穴、抚摸疼痛的关节或者捂着肚子的一些照片。与之相反的是，如果你搜索关键词“舒适”，那么则会看到诸如软床、绒面扶手椅、豪华喷气式飞机之类的图片。这其实暗示着，痛苦是一种内在的、主观的个人体验。而舒适，作为痛苦的解药，则是外在的、来源于客观世界的物质。

人们普遍认为痛苦是一种内在的、讨厌的，让人很难控制的状态。这充分说明本书的核心要义，即圆满之境，对现代社会的必要性。圆满意味着我们有能力去体验包括情感、认知和社交等各方面所有的心理状态，而这些方面关于痛苦的普遍焦虑状态，必然会缩小我们的感知范围。我们如果总是回避那些有益的痛苦体验，那么将永远无法发挥全部的潜力。颇为有趣的是，这种与痛苦保持距离的现象，常见于西方文化，尤其是美国文化中。美国人有许多特点：自信、勤奋、富于创造力，并且以无可救药的乐观主义而闻名。尽管美国也存在赤贫阶层和收入不均等问题，但它仍然是一个高度秩序化、生活舒适便利的国度。美国的交通秩序良好，电影院里都有空调，浴缸跟花园水管一样普遍，每个人都能用得起洗发水，床垫根据大小、材质、软硬等不同有各式各样的选择。

随着世界财富总量的缓慢增长，并不是只有美国人的生活越来越舒适，那些与美国社会发展程度相近的国家，比如澳大利亚、加拿大和英国，对舒适生活的看法也很类似，虽然并非完全相同。而另外一些发达程度不及美国的国家，比如巴基斯坦和津巴布韦，更能够忍受不那么舒适的生活。但是我们发现，在许多发展中国家，迅速崛起的中产阶级对于舒适生活的重视程度，也会随着他们收入的提高而不断攀升。

舒适上瘾是一种现代病

如果你想知道，对于舒适生活的向往以及乐观主义精神在美国人心中到底有多么根深蒂固，那么你可以问自己这样一个问题："主开心吗？"这个问题是由美国弗吉尼亚大学的日裔心理学家大石茂弘博士和他的研究团队提出来的[1]。他们提问的目的并不在于寻找答案，而是想通过被试者的回答来判断其个性。研究者认为，世上只有一个主，而他的生平记载也广为人知，如果被试者关于“主是否开心”这个问题的回答存在很大的分歧，那这个分歧本身就可以成为文化差异领域的罗夏墨迹测验。在测试过程中，人们往往会投射出他们自己的人格特质。为了证明这一假设，研究者邀请了数十名美国人和韩国人来回答这个问题，写下他们开放性的想法。而在这两个被试的团体中，基督徒的比例大致相同，都在 60% 左右。

研究结果发现，美国人比韩国人更倾向于认为主是开心的。此外，在美国人看来，主还更加外向、开放、和蔼可亲。更有趣的是，韩国人眼里的主却是痛苦的。在有些方面，比如在提及苦难、牺牲、流血和受刑十字架的频率方面，韩国人比美国人高 5 倍。虽然故事的核心就是主受到迫害，被钉死在十字架上，但是美国人还是会觉得主真的很开心，并且和善宽容。

幸福感就是舒适吗

如果仅凭美国人更加积极乐观，就判断他们受不了苦，到底对不对呢？新加坡管理大学的研究者克里斯蒂·斯科隆（Christie Napa Scollon）[2] 和来自美国密苏里大学的劳拉·金（Laura King）进行了一系列相关研究。遵从传统的研究者一般通过建立复杂的统计学模型来划分人群并界定其幸福感，但是这两位研究者却只是针对普通人开展调查。他们提出的问题很简单："在你心目中理想的生活里，财富、快乐、事业各占多少分量？"调查结果显示，美国人将活得简单开心放在首位。事业对他们来说就只是工作的小时数。此外，美国人认为，家庭幸福比工作顺利更为重要。事实上，那些调查对象针对事业有成而不顾家庭的人进行了激烈的批评，认为他们有违道德，甚至说他们该受到惩罚。

美国人对于快乐、舒适生活的喜好可不仅仅是抽象的学术问题，它还深刻影响着美国人的行为，尤其是消费行为。第二次世界大战以后，美国经济进入了一段空前繁荣期。即使是在目前房地产市场崩溃、失业率居高不下、公司大规模破产的背景下，绝大多数美国人的物质生活条件还是处在历史上最好的时期。美国的房屋自有率特别高，消费类电子产品、汽车和空调的普及率也很高。我们正在奔向越来越舒适、便捷的生活 [3]。朱丽叶·斯格尔（Juliet Schor）在她的《过度消费的美国人》（*The Overspent American*）一书中指出，现代美国人痴迷于浪漫假日、漂亮房子，永远在追求过得更舒服。[4] 她在书中引用了美国康涅狄格大学关于人们眼中的生活必需品的长期研究成果：20 世纪 70 年代，在参与调查的美国人中，只有 13% 的人觉得汽车里必须有空调，25% 的人认为家里必须装空调；但是到了 90 年代中期的时候，人们就变得倾向于过得更舒服了，有 41% 的人觉得开车时必须开空调，50% 的人在家里需要开空调。

如果你结合马斯洛的需求层次理论，来看待人们对于空调需求的增长，结果就更有趣了[5]。马斯洛在 1954 年提出，人类首先需要满足自己的生理需求和安全需求，比如食物和住所，然后才会有社交需求、尊重需求和自我实现需求。大多数人错误地以为，马斯洛是指出了人类通向幸福生活的路径。然而，马斯洛发表这番论述的目的，其实只是在解释人类行为的动机。

在研究这种舒适上瘾的现代病时，有趣的发现是："基本需求"里的"基本"并不总是那么必需。众所周知，干净的水是生存必需品。抽象地来说，体温调节能力也是必需的，因为我们需要调整自身的温度以适应环境。虽然我们需要衣服来保持身体温暖、干燥，防止体温过低，但是车载空调就一定是必不可少的吗？特别是从某种程度上来说，汽车本身就是一种奢侈品，而非生活必需品。

如果再这么追求下去，你很快就不会满足于车内只有空调了。你会想要有加热功能的座椅，甚至是给司机和乘客提供相互独立的温度调节设施。哎，等等！这不就是现在新一代车型的标配吗？这也就不难理解，为什么有些人将中控屏幕也列为汽车的必备配置了。

随着人们越来越满足于舒适的生活，我们的生活体验范围将会变得越来越窄，我们也将无法得到消极体验的磨砺。

THE UPSIDE OF YOUR DARK SIDE

用因果关系来说明就是：物质生活的舒适和便利，让我们更倾向于通过外在物品获得内心的平静；对于外物的依赖，降低了我们在心理层面上对于生活磨难的抵抗力。准确地说就是，物质享受影响了我们适应环境和应对困难的能力。

对空调带来的舒适环境的依赖，会慢慢地侵蚀我们自己，让我们难以忍受愤怒、怀疑、迷茫和注意力匮乏等不良心理状态，进而将它们视为是不正常的。正是这种舒适瘾症，将我们一个个孤立开来，再也无法达到心灵层面的圆满状态。

我们祖父母那辈人应付灰尘、日晒、雨淋等环境完全不在话下，而现在却是一代不如一代了。美国卫生部的调查数据显示，1997 年至 2011 年，美国儿童的食物过敏率增加了 40%，而皮肤过敏率上升了近 70%。[6] 无独有偶，现在有 17% 的美国儿童患有哮喘，其中发病率最高的孩子来自高出贫困标准线 2 倍以上的家庭。对此，有一种解释理论叫作“卫生假说”，它认为现代生活环境对于中产阶级来说过于干净了，导致儿童在早期没机会接触传染性疾病，因而他们的免疫系统缺乏抵抗力。

现代社会到底出了什么问题呢？为什么在美国以及西方的一些国家，发生了如此剧烈的变化？从每天都为生存而挣扎的原始人，到今天连电视广告和 5 分钟堵车都受不了的现代人，我们身上到底发生了什么变化？我们究竟是什么时候失去了对不舒适环境的适应力的？

舒适上瘾起源于拒绝消极情绪

人类对于舒适生活的渴望由来已久。不妨想象这样的场景：一个原始人拿起他的石头枕头，第一次意识到“唔，我想要个更软的枕头”，然后他掏出一把松针枕在了头下。我们总是喜欢保持身体温暖或者凉爽，想放松肌肉，感受触感顺滑的感觉。这是一种贯穿人类历史的普遍动机。

莎翁笔下《哈姆雷特》中有一段经典独白，讲的就是克服逆境的尝试，原文引用如下[7]：

生存还是毁灭，这是一个值得考虑的问题：
是该默然忍受命运暴虐的毒箭，
还是挺身反抗人世无涯的苦难，
这两种选择，哪一种更加高尚？

哈姆雷特的发问，至今萦绕在所有生活在彭萨科拉、多伦多、曼彻斯特地区，饱受抑郁困扰的现代人耳边：“我是该选择生还是死？”莎翁基于两种痛苦的比较，做出了保持现状的选择。他能忍受生活的折磨，不是因为他热爱冒险或者坚韧不拔，而是另一种选择背后的不确定性比现实的考验更让人焦虑。我们再来看一下莎翁的原话：

因为惧怕那不可知的死后，
惧怕那从未有旅者归来的神秘国度，
恐惧迷惑了意志，
让我们宁愿忍受眼前的折磨。

弗洛伊德是心理学历史上最为杰出的人物之一，他曾在 1930 年论及舒适感的诱惑与危险："这种享乐在前、谨慎靠边的行为，必将招致恶果。"[8]弗洛伊德批判的，不是享受柔软的枕头或者傍晚的微风，而是将享乐作为一切行为的根本动机。他敏锐地察觉到，追求享乐的动机，而不是享受本身，将导致自私的决策，并最终引发负面的社交结果。

更具批判性的是德国哲学家黑格尔，他曾写道："英国人所谓的'舒适'[9]是一种不知疲倦、永无止境的追求。"由此，黑格尔得出的结论是："人们对于生活更舒适的追求，并不是自发形成的，而是来自以此牟利者的鼓动。"值得注意的是，黑格尔和弗洛伊德一样，更加关注这种"舒适渴望"所带来的危险，而不是舒适本身。他认为舒适渴望只是一种受到欺骗的幻觉，就像我们现在常被美国的广告专家忽悠一样。这种感觉有点像咖啡因上瘾，虽然感觉很好，但其实它既不自然也不健康。

在现代社会，工业化给我们带来了前所未有的舒适和便利，生活节奏也越来越快。心理学家罗伯特·莱文（Robert Levine）和他的同事发现，生活节奏与 GDP 之间有着明显的关联。[10]他们通过观察人们走路的速度、邮递员完成投递任务的时间，以及公共场所时钟的精准度，来估算实际生活节奏的快慢。生活节奏的快慢不仅关系到国家财富，还会影响到能源消耗。想想现在越来越多的汽车、厨房电器、热水器，它们都是生活舒适便捷的象征。

那么重点来了：快节奏的生活会导致低效率和低储蓄，生活越是便利，人们越是难以自律。举一个简单的例子就可以说明这一点，生活节奏变快以后，堵车或者排队都让人感觉难以忍受。**简单来说就是，生活越舒适，你就越没有耐心应对困难。**

虽然本书的主旨是探讨心理舒适，不过在这里还是需要说明一下，基本的生理舒适（也就是我们常说的舒适感）和相对复杂的心理舒适（可以看作是一种情绪状态）之间有着直接的联系。毕竟我们都是肉体凡胎，受困于莎士比亚所谓的“尘世的烦恼”。身体是沟通内在世界与外在世界的通道，它就像一个恒温器（这样说毫不夸张），帮助我们探测外在世界的舒适程度，并做出相应的调节。研究发现，我们每个人对于外界环境，如气味、声音和温度等，都有一定的适应力。这就是为什么我们只有在室外热浪袭人的时候，才能体会到办公室的凉爽。追求生理舒适是我们的本能，而身体的适应力就是这种本能的一部分。

你也许想不到，厌恶感其实就是生理感觉和心理感觉相互交织的典型表现。厌恶情绪能够帮助我们避免一些有毒物质，比如腐烂的食物。研究者们曾别出心裁地在各种领域测试厌恶感[11]。比如让实验对象用厕纸擦鼻子、用便盆喝苹果汁或者是靠近被切下来的猪头。此外，还有一种更倾向于心理层面的厌恶感，叫作道德厌恶。比如，人们看到杀人犯睡过的床，就像碰到呕吐物一样，避之不及；试穿希特勒的毛衣，就像吃狗屎造型的巧克力一样恶心。

事实证明，厌恶感与舒适感也息息相关，尤其是在脱离现代社会，回归野外生活的时候。罗伯特·比克斯勒（Robert Bixer）和迈伦·弗洛伊德（Myron Floyd）尝试通过实验证实他们关于人类心理舒适区越来越小的假说。[12]他们调查了几百名中学生关于大自然的看法，结果发现那些害怕和厌恶大自然的孩子，更喜欢室内的娱乐活动。如果不通情理的大人强迫这些孩子去室外活动，他们多半会选择人工修剪过的公园小径。研究者还询问了这些孩子，如果参加为期一周的“户外娱乐活动”，去体验先辈定居得克萨斯州的历史，他们会有多想念现代生活中触手可及的事物。衡量标准是：0分代表“一点儿也不想”，4分代表“没有它我就过不下去”。结果发现，泡澡或者淋浴项目的平均得分为3分，抽水马桶为2.63分，热水为2.69分，空调则是2.66分。当然，这些东西都是早期移民时代没有的。从坐着大篷车向西移民的年代，到现在家庭里必备的乐至宝多功能沙发和索尼 PS 游戏机，我们的身心都变得更加软弱了，对于舒适的定义也愈加地狭窄。

值得注意的是，上述对儿童舒适感的研究发表于 1997 年，而 20 世纪 90 年代正是舒适瘾症发轫之始。对于经历过第二次世界大战的一代美国人来说，一点小困难根本不在话下。之后，尽管经济持续发展，时代的主题还是黑人民权运动、嬉皮士风潮以及越南战争引发的社会分裂等问题。直到 1980 年罗纳德·里根当选为美国总统后，社会和经济氛围才开始缓和，并最终在 1990 年比尔·克林顿接任总统时到达顶点。正是在这个时候，舒适阶层开始迅速崛起，人们甚至开始讨论所谓的“舒适食物”。这也暗示着我们的基本需求发生了改变。

现在 20 多年过去了，20 世纪 90 年代的特殊之处早已被人遗忘。但对于那些经历过嬉皮士风潮和石油危机的人来说，八九十年代的确与以往截然不同。尤其是 20 世纪 90 年代以后，有一种流行的观点认为，世界环境正在逐渐变好。在南非，持续了几十年的种族隔离制度终于被废止；在欧亚大陆，数十年的冷战突然结束了；在美国国内，股票价格节节攀升，互联网成了全球创意和金融产业的新兴引擎。简单来说，我们正处在人类历史上最繁荣的时期。

随着美国政治地位的提升和经济浪潮的高涨，美国人的期待也越来越高。人们开始觉得幸福不是需要追求的目标，而是一种精神必需品。大石茂弘和他的同事研究了 1800 年至 2008 年之间，美国书籍中提到“幸福的人”的频率[13]。研究结果你大概也能猜到：19 世纪至 20 世纪早期的作者，压根儿没提过这几个字。直到“咆哮的 20 年代”，才开始有人在书里提到“幸福的人”。这一现象逐渐流行开来，并最终在 1990 年达到最高峰。在那个年代，你走进一家书店，几乎看不到没有这个词的书。虽然在那之后，这个词被提及的频率有所减少，但1990年至2008年之间，这个词出现的次数是之前50年出现次数的总和。从中我们可以清楚地看到社会观念的变迁。

同样是在20世纪90年代，第一部有关体面地死亡的法律在美国俄勒冈州通过。从本质上来说，这种法律是为那些遭受生理或者心理折磨，即所谓“活得毫无尊严”的人提供一条主动结束生命的选择。暂且不论个人看法，这种法律实际上折射了社会观念的改变：我们的追求已经远远超出满足基本生理需求，而开始着眼于操控死亡本身了。无独有偶，“舒适区”的概念也是在20世纪90年代早期出现的。它最初被应用于商业领域，指的是让人感觉舒适而放松的环境。一份早期的商业文件直截了当地提醒管理者，要让员工脱离舒适区。

更妙的是，美国国家航空航天局的科学家们在20世纪60年代发明了记忆棉。这一空前的舒适造物，一开始是科学家们为了减轻宇航员在航天器起飞阶段以及滞留太空时身体的不适感而研发的。但是直到1991年这一技术才开放民用。因为商人们发现，到了90年代终于有消费者愿意为了获得更舒适的睡眠，购买奢侈的记忆棉床垫了。他们宣称记忆棉是世界上最舒服、最贴合人体曲线的床垫和枕头填充物。现在人们觉得连弹簧床垫和水床都不够舒服了，因为我们发现了能让全身上下每一寸都能得到放松的材料。显然，在经历了20多万年的睡眠史后，人类终于拥有了应有的睡眠舒适度。

研究者发现，随着生活越来越舒适，我们的身体健康状况反而越来越差了，尤其是焦虑症的患病率越来越高了。1996年是一个分水岭，这一年美国大学生在校诊所抱怨焦虑的频率第一次超过了抱怨抑郁和情感问题的频率[14]，此后焦虑问题一直居高不下。与此相似的是，20世纪90年代美国道路交通纠纷发生率也大大升高了。来自美国汽车协会旗下交通安全基金会的统计数据显示，交通纠纷的数量从1990年的1 129起提高到了1995年的1 708起，增加了约 50%[15]。美国人对于高峰堵车和强抢车道的耐心正在逐渐消失。整个 90 年代有上万起由“路怒症”引发的交通事故，有超过 200 人在事故中死亡，此外还有约 1.2 万人受伤。也许是 90 年代的生活太过美好，大家都不知道应该如何处理在路上遇到的交通问题。

最重要的是，90 年代中期突然出现了一个不好的兆头。那个时候人们睡眠充足，生活便利，对幸福的期待感越来越强，也越来越适应没有艰难困苦的生活。正是在这个时候，有人提出了“经验性回避”（experiential avoidance）的概念[16]：即鼓励人们采取措施主动地压制讨厌的想法和感觉，从而避免不愉快的体验。然而你越是极力控制，在面对无法控制的突发情况时，就会越不知所措。不过人们确实是在这个时代才头一次拥有足够多的自由和选择，也是头一次能拒绝讨厌的事物，比如拥有拒绝消极情绪的权利。

我们对于不确定性、怀疑、空虚感以及对其他种种消极情绪的抗拒和不适应，正是所谓“经验性回避”诞生的肇因。举例而言，常见的回避策略是看电视。尽管电视节目的内容很精彩，但是电视最主要的作用还是使人们的注意力脱离琐碎的日常生活。20 世纪 50 年代到 20 世纪 70 年代，每个家庭平均每天收看电视的时长是 5 ~ 6 个小时。[17] 但是到了 20 世纪八九十年代，这个数字增长到了 7.5 个小时。

心理问题多源自人们对消极情绪的恐惧与逃避

当美国的心理健康专家们想要诊断和治疗精神疾病时，他们的主要参考书是《精神障碍诊断与统计手册》（DSM）。1980 年，这个手册就已经是一本有着 494 页篇幅，列举了 265 种让人眼花缭乱的精神疾病的大部头了。但是到了 1994 年，它居然又加厚了一倍，新增了 32 种精神疾病，成了一本 886 页的鸿篇巨制。那些心理健康专家似乎认为，过于悲伤、焦虑、经常发怒或者愤怒过度都是精神疾病的表征。

《精神障碍诊断与统计手册》的确记录了很多常规精神疾病，比如说精神分裂症。但是它将持续时间超过两周、影响到工作和家庭生活的心情沮丧，也列为临床上的重症，这就有点让人难以接受了。试想，普罗大众看到这样的分类和定义，会得出什么样的结论呢？他们会觉得，痛苦是不好的，而健康专家可以帮你避免痛苦。但是痛苦的感觉是我们与生俱来的，你怎么可能让你自己从不产生痛苦的感觉呢？

在美国心理学会（APA）评选的“20世纪杰出的心理学家”中，阿尔伯特·艾利斯（Albert Ellis）以充足的优势名列第二，他的排名领先西格蒙德·弗洛伊德一位，仅次于卡尔·罗杰斯（Carl Rogers）[18]。艾利斯是认知行为疗法（CBT）的创始人，他认为主要有3种错误认识导致了人们的痛苦和破坏性行为：

1. 我必须表现得足够好，而且要得到其他人的认同。
2. 其他人也必须做“正确的事情”，否则他们就不够好。
3. 生活必须简单轻松，没有痛苦和困难。

在20世纪五六十年代，这是一个革命性的理论。以前的心理学家常把心理疾病归咎于不幸的童年或者创伤性事件，然而艾利斯却指出问题的根源在于人们对自身、他人和周围环境的错误认知。艾利斯不仅指出了问题所在，他还发明了一整套针对性的疗法。通过这种疗法，咨询师可以帮助来访者发现之前的错误认识，并解决相关问题。艾利斯的疗法十分有效而且具有可复制性，因而迅速流行开来，并在此后数十年成了心理疗法中的主流。1990年，艾利斯的理论又被“积极心理学之父”马丁·塞利格曼博士①发展为“习得性乐观”（learned optimism），并写进了专著《活出最乐观的自己》[19]。艾利斯的理论帮助人们减少痛苦的情绪，从而更加幸福。这恰恰契合了舒适瘾症从生理领域蔓延到心理领域的趋势。如果环境不够舒适，我们会想办法改造环境达到我们的需求。同样，如果某些情绪和记忆让我们苦恼，我们也倾向于改造它们来减轻痛苦。

这种价值取向在之后近30年的时间里，几乎没有受到任何质疑。这种情况直到那些经历过20世纪60年代人类潜能运动和东方哲学思潮的年轻人成长起来后才有所改观。[20]他们作为新一代的心理学家，开始探索一种新的疗法，即接受与实现疗法，简称ACT疗法。以史蒂夫·海耶斯（Steven Hayes）、凯利·威尔森（Kelly Wilson）、伊丽莎白·吉福德（Elizabeth Gifford）、维多利亚·福利特（Victoria Follette）、柯克·斯爵莎（Kirk Strosahl）为代表的心理医生们，开始提出一些争议性的问题：职业治疗师对于正常与非正常的判断标准是否完全准确？时刻关注精神焦虑、消极想法、消极情绪和消极行为真的是维持精神健康的最好方法吗？我们是不是更应该关注人们是如何面对和处理消极想法、消极情绪和消极行为的呢？

倡导ACT疗法的心理医生们是一群既重视研究又积极实践的学者，他们发现，人们应对心理创伤的模式和遇到生理创伤时的反应极为类似。比如当你扭到脚时，你会在活动时尽量不用受伤的那只脚。这种情况在心理层面也是一样的。如果你的朋友或者爱人伤害了你的感情，你会尽量不跟他们接触。当某种情感过分强烈时，你会通过看电视、睡觉、喝酒来回避它。

① 马丁·塞利格曼（Martin E.P. Seligman）的“幸福五部曲”，即《活出最乐观的自己》《真实的幸福》《持续的幸福》《教出乐观的孩子》《认识自己，接纳自己》中文简体字版已由湛庐文化策划，相继出版。——编者注

除了改变或者回避那些让你痛苦的想法、情绪、感觉和回忆，你其实还可以选择忍受它们。这就跟在下雨天出门要忍受潮湿和泥泞一样，你可能不想遇到这种情况，但是就算碰到了，也没什么大不了的。所以你在应对消极的想法和情绪时，完全不必如临大敌。你大可以把它们想象成收音机里的背景音乐，虽然一直在播放中，但是你可以忽视它们的存在。“接受与实现”疗法的前提是，你完全可以忍受消极的想法和情绪，像旁观者一样冷静地观察它们，而不必沉浸其中。

值得强调的是：虽然心理状态会影响你，但它并不能主宰你。这听上去可能有些怪异，甚至难以接受，但是从某种角度来说，你的存在并不等同于你的所思所感。

THE UPSIDE OF YOUR DARK SIDE

你作为“观察者”，或者说你的自我、人格或灵魂作为“观察者”，能够察觉到你的消极想法和消极情绪。这恰恰说明了“自我”和“情绪”是相互独立的。当你意识到这一点后，你就更能忍受消极情绪带来的痛苦了。

正如艾利斯所言，大多数心理问题并非直接来自消极想法或消极情绪，而是源于人们对它的恐惧和逃避心理。可以这么说，当我们在谈论焦虑症时，问题的核心其实在于逃避焦虑的心理[21]。最新版的精神疾病手册列出了一系列的焦虑障碍，从社交焦虑症、创伤后应激障碍到惊恐障碍。虽然它们的特征各不相同，但它们都有一个共同点，那就是当你认为自己会被他人拒绝，或者自己的性格缺陷会暴露在他人面前时，你很自然地就会想要摆脱这种焦虑的感觉。不幸的是，我们回避焦虑的反应往往会导致事与愿违的后果。

许多心理治疗师都遇到过有次生情绪障碍的来访者。比如有的人感觉很愧疚，同时又会因为自己的愧疚而感到愧疚。或者有的患者感觉抑郁，同时又对自己的抑郁感到愤怒。这与焦虑症的情形很相似。人们对特定情形感到焦虑，然后因为害怕焦虑而压力倍增。如果你能相信自己有能力承受焦虑，从而避免次生情绪的干扰，那么你的人生将会轻松很多。

上面所说的以更坚韧的态度应对情绪问题的理论十分重要。因为舒适瘾症已经不是小病、小痛的问题了，它深刻地影响着我们的下一代。从长远角度来看，提升对于负面状态的忍受能力不光有益于个人，也有利于整个社会。

缺少挫折磨砺的孩子在社交与情商方面都不合格

在现代社会中，与孩子相关的问题层出不穷，简直让家长们操碎了心：肥胖症、校园霸凌、电视游戏、色情短信、吸毒、意外怀孕、性传染病、暴力犯罪、留级、滑板运动等不一而足。从 20 世纪 80 年代起，人们为了祈求平安，开始在车窗外张贴“车内有宝宝”的标签，来提醒周围的司机小心驾驶。现在已经不是大人们只顾自己，对孩子们不管不问的年代了。孩子才是人们生活的焦点，父母就像贴身保镖一样，时刻关注着孩子的安全和健康。

说真的，在过去 30 年里，父母们真是越来越执着于孩子的安全问题了。现在的父母经常陪孩子们玩“不给糖，就捣乱”的游戏，这在 20 世纪 50 年代到 70 年代都是不敢想象的。研究者们发现，现在的父母们都特别愿意组织孩子们参加各种活动，甚至还会主动开车接送他们。澳大利亚的研究者特赖因·福泰尔（Trine Fotel）和赛拉·汤姆森（Thyra Thomsen）一度以为，父母愿意花更多时间给孩子们当司机，是因为学校离家越来越远。[22] 后来他们发现，这种增长趋势的原因其实有 55% ~ 60% 是父母出于对孩子们安全的担忧。虽然有数据显示，骑车上学的小孩碰上交通事故的概率在逐年降低[23]，但是父母们还是越来越担心子女在路上遭遇意外。有一位抱怨交通安全每况愈下的母亲说：

> 我以前从来没有教过孩子骑车时怎么在路上保证安全。直到我听说他的同学常取笑他天天坐车上学，我才开始反思自己的做法。后来我开始教他，才发现他其实很擅长骑车。[24]

在儿童的世界里，变化最大的是他们的游戏场所。仅仅数十年前，学校操场设施还都是木质的。后来由于家长们和学校管理者都觉得木板容易腐朽断裂，木刺也容易伤人，于是将贴近自然的原木世界替换成了塑料和钢铁丛林。

THE UPSIDE OF YOUR DARK SIDE

“直升机父母”的形成

安尼塔·邦迪（Anita Bundy）和她的同事做了一项关于游乐场安全的研究。[25]他们把一堆不相干的零散物品，比如大纸箱、塑料桶、干草堆、汽车轮胎和各种长度的水管散布在游乐场里，然后观察在游乐场里玩耍的小孩和在一旁监护的老师，并搜集相关数据。研究者们发现这种非常规的游乐设施引发了一系列变化。首先，孩子们会更积极地活动身体；其次，监护人更加担心了。尽管监护老师们纷纷表示，孩子们的活动变得更有创造性，相处更融洽，争端也更少了。那他们究竟在担心什么呢？研究者们分析，监护老师主要是害怕孩子们会受伤，而且觉得自己有责任保护孩子们不受任何伤害。

在有些家长们看来，学校环境好像特别危险，他们的孩子总是被人欺负、排挤，成绩也直线下降。所以他们随时准备着要冲进教室保护自己的心肝宝贝。社会学家凯瑟琳·沃纳（Catherine Warner）把这种现象称为“过激性保护行为”[26]，也就是我们俗称的“直升机父母”。

有趣的是，这种情况在最舒适的人群，即中产阶级父母里最为多见。沃纳在分析这种教育模式时指出，这些家长往往出于好意，但是他们的想法其实自相矛盾。他们一方面期望孩子们在学业上获得应有的考验，另一方面又希望孩子在学校过得开心，跟同学打成一片，总之就是要过得“舒服”。这些家长似乎不明白，既然孩子们在学业上需要挫折、考验来成长，在身心方面难道不是更需要吗？

有一位参与了沃纳的调研的一年级学生家长说了一番话，是关于舒适育儿经的。他总结得很好：

> 我们希望孩子能生活在一个安全的环境里，自尊心得到很好的保护。这是我们最重要的考量。当然，我们也希望她在受教育的时候，接受适当的考验。

如果你已经 30 多岁了，我们敢肯定在你小时候，你的父母跟老师见面时绝对不会说出这种话。他们多半会看着老师，直接问道：“我家孩子的阅读能力有进步吗？”我们并不是想说老式的教育模式很严苛，或是家长们直到最近才开始关注孩子的身心健康。在很大程度上，现在的家长们做得并不对，他们太容易小题大做了。有一位参与沃纳研究的老师受到了家长们的一致表扬，但他说：

> 父母们总是说：“我家孩子对上学这件事就是很焦虑，不想去学校。”但实际上孩子们在学校过得很好。我想真正焦虑的大概是父母，他们的焦虑影响了孩子。

这位老师的发言一针见血，现在整个社会都给人一种充满危险的感觉。虽然实际上危险确实存在，但是我们好像形成了一种小事化大的世界观，倾向于放大种种不切实际的威胁。尤其是涉及儿童教育的问题时，如果我们坚持让孩子在无病无灾的环境里成长，那么他们长大以后要怎样面对生活中的烦恼和挫折呢？在很多方面，父母们没有意识到挫折磨砺带来的好处。别担心，我们并不是站在道德高处指责你，我们自己也有同样的问题。**人们能够接受学业上的考验，却往往忽视了孩子在社交和情商方面经受挫折与成长的重要性。**

向亚洲人学习，勇敢走出舒适区

要解决上述问题，我们要漂洋过海到达地球的另一端——亚洲，这里的人们更善于忍耐逆境。亚洲文化通常被认为带有集体主义色彩[27]，因为他们的社会基本组成单位是家庭而不是个人。集体主义者通常愿意为集体的利益而搁置个人的需求，他们倾向于融入集体而不是特立独行，他们没有鲜明的个性，身份随环境而变化。

著名社会心理学家罗伯特·怀尔（Robert Wyer）曾经总结过集体主义者与个人主义者的区别：

> 个人主义者会认为，如果有人请他到家里吃饭，那他应该在之后回请这位请客者。集体主义者则认为，如果有人请他吃饭，他应该在之后回请某个人，不论是谁。[28]

粗略而言，亚洲人对于情绪的反应相对于西方人来说更为复杂。如果你问一个美国或者加拿大的白种人过得是否开心，他们会根据当时的心理状况迅速给出答案。但是同样的问题拿去问韩国的女性，她们会在当时实际的感觉和社会的一般标准之间进行一番权衡，再做出回答。[29]

研究者们发现，**不同文化背景的人对于应该追求什么样的感觉有着显著而有趣的差异**。[30]亚洲人更倾向于稳定性的积极情绪，比如宁静平和、和谐融洽和正心静念。西方人相反，他们更喜欢激发性的积极情绪，比如热情洋溢、兴高采烈和骄傲自豪。这是因为美国人更喜欢被鼓励，而激发性的积极情绪更有利于自我强化。我们曾研究过不同文化背景的人对于情绪体验的敏感度。[31]结果发现，美国人对于情绪的强度更为敏感，他们能够记起很久以前发生的、让他们特别高兴的事情。然而这种记忆偏好在日本人身上却没有体现。

在涉及消极体验时，这种东西方文化的差距更为明显，尤其是在情绪抑制方面。从心理学上讲，情绪抑制的根源是自我防御机制，是人们为了远离痛苦采取的手段。

压抑（或者遗忘）痛苦的记忆，利用幽默攻克难关都是情绪抑制的手段。这些手段都是为了减弱或者消除消极情绪的影响。在许多西方人心目中，亚洲人的固有形象都是很压抑、很难以理解的。这其实是因为亚洲人大多数都是集体主义者，所以他们更习惯于摆出“扑克脸”来主导社交活动。可以说亚洲人是倾向于压抑情绪的表达，而不是情绪本身。

实际上，亚洲人也很善于忍耐消极的情绪体验。研究表明，遇到悲伤和恼怒的情形时，亚洲人不会像西方人那样，想办法分散注意力或者开个玩笑之类的。这种区别在人们遭遇抑郁的情况下，表现得尤为明显。

你和你身边的人大概都对抑郁有过直观的印象，也许你自己就曾抑郁过。无论哪种情况，你应该知道，抑郁会带来忧伤、虚弱，使你无力享受生活，睡眠不足，注意力不集中和无法照顾自己的感觉。在极端的情况下，它还会导致产生绝望和自杀倾向。许多西方人通过滥用药物或者深度睡眠等麻痹策略来应对这种极端情绪，亚洲人则不会如此。

曾经有研究者通过观看电影短片的形式，对罹患抑郁症的欧洲裔和亚洲裔美国人进行对照实验。[32] 他们发现，亚洲裔美国人在看到喜剧场景时都笑了，而欧洲裔美国人却没有。在观看悲剧片段时，欧洲裔美国人大都沉默以对，而亚洲裔美国人却直掉眼泪。实验结果说明，抑郁的欧洲裔美国人好像把全部情绪都封闭了，而抑郁的亚洲裔美国人却还能很好地感受到各种情绪。简单来说就是，亚洲人更善于处理消极情绪。通过深入研究这一现象背后的成因，我们还发现了更有价值的成果。

用童话故事增强痛苦耐受力

我们对于负面心理状态的应对策略，不论是忍耐还是回避，其实都是后天习得的。所以我们的情绪和母语一样都是在潜移默化中形成的。虽然看上去有些奇怪，但这确实是事实。斯坦福大学的珍妮·蔡（Jeanne Tsai）和她的同事通过一系列巧妙的实验证实了这一点。[33] 在实验中，研究者们分别统计了 2005 年美国和中国台湾地区的畅销儿童书籍。通过详细分析这些书籍中的图片，他们发现，美国童书中绘画的角色往往笑容更灿烂，表情更激动，动作也更有活力。接下来，他们又随机将美国小孩和中国台湾地区的小孩分组，然后给孩子们读两种类型的故事。一种是比较激烈的、美国版本的水枪大战的故事；另外一种是比较平和的、中文繁体版本的在水池中漂来漂去的故事。

讲完故事以后，研究者们会让每个孩子在一系列的游戏活动中做出选择。比如，研究者会问："你是愿意玩‘砰砰砰’的快速击鼓，还是‘哒哒哒’的慢速敲鼓呢？"不论文化背景如何，凡是听了激烈版本故事的小孩，都愿意尝试更激烈的活动项目。你可以回想一下，你曾给孩子们讲过多少主角忍辱负重的故事呢？公平地说，其实苏斯博士在他的童话书里也讲过类似主题的故事，比如《去太阳城真是好麻烦》，但他的书在美国似乎是特例。关于主角如何忍受痛苦的故事书还是在亚洲比较常见。而美国人总是倾向于给孩子们讲快乐美满的童话故事，让他们高高兴兴地过生日，开开心心地吃饭。不过那些担心孩子们承受力较差的家长和教育者，倒是可以参考这份研究，利用教育材料和日常活动帮助孩子增强痛苦耐受力。

我们并不是要把亚洲育儿经奉为圭臬。事实上，也有很多研究表明亚洲人有一种回避享受积极情绪的倾向。[34] 这可能是因为亚洲人认为事物是不断变化的，因此时刻警醒，不能像美国人那样一味沉浸于快乐的时光中。暂且不论其心理动机如何，亚洲人虽然善于忍耐最消极的情绪，但是也会牺牲掉一部分最积极的情绪。所以在这里，我们只是想说明，美国人以及其他西方人是可以通过针对性的学习来培养习惯，克服舒适瘾症和它带来的痛苦耐受力下降等问题的。

如果西方社会能够多容忍些许危险、困难甚至是失败的体验，我们将重拾对抗挫折、磨难的坚韧精神。当然，我们不是在建议你立刻拆掉空调和抽水马桶，或者扔掉智能手机；也不是鼓励你把孩子放到破旧的游乐场里玩耍，或者到书店抢购一批中国台湾地区的故事书来增强孩子们对消极情绪的耐受力。我们想说的是，如果你想成为“逆境商”更高的人，还是可以想点办法的。

THE UPSIDE OF YOUR DARK SIDE

短时间内做出大的改变很困难，所以我们建议你小步向前，慢慢地探索消极情绪的益处和困难过后的成长，逐渐拓展对艰苦环境的耐受能力。

现代心理学好像不知不觉地就变成了心理治疗学的同义词。在我们看到的电影里，心理学家往往是以心理咨询师而不是心理学研究者的身份出现的。这种固有印象似乎也有理可据：美国大概有 1.75 万名心理学家，其中超过一半是拥有硕士或博士学位的心理治疗师，剩下的那一部分则是研究者、教授或者顾问。正因为现代心理学主要致力于解决抑郁、焦虑和其他常见的心理疾病，所以人们常常忽略了心理学作为一门科学，长期以来的研究方向其实是如何使人类达到最完美的身心状态。

心理学是一门相对年轻的学科。在早期的时候，像赫尔曼·冯·亥姆霍兹（Hermann von Helmholtz）这样的生理学家费了很大工夫来研究人体的基本功能。比如，他曾经研究过神经信号在生物体内的传导速度大约是 27.4 米/秒。[35] 20 世纪以后，心理学的研究重点从人体怎样运作转移到了人体怎样才能运作得更好。20 世纪最伟大的心理学家们关注的都是如何实现人类的全面发展。比如威廉·詹姆斯（William James）和弗洛伊德这两位心理学巨擘，他们的研究里充满了“和谐”“成长”“整体”之类的词汇。他们相信，人类之所以不同于其他动物，是因为我们可以不断地超越先天以及后天条件的限制，朝着理想的目标前进，或者远离糟糕的事物。

第二次世界大战后，心理学研究关注的方向转向了心理健康，尤其是心理疾病的领域。“症状”和“失调”取代了“潜力”，成了研究热词。考虑到士兵们往往会带着抑郁和心理创伤回到家乡，心理学家转向研究如何解决这些问题也就可以理解了。这股针对心理疾病的研究浪潮一直持续到了今天。尽管如此，对于积极心理学领域的研究仍然薪火相传。从 20 世纪 50 年代到 70 年代，慷慨、自愈、信任和宽恕等积极心理学领域的研究者，如亚拉伯罕·马斯洛、卡尔·罗杰斯等人又重新唤起了心理学界对人类潜能的关注。最近几年，积极心理学家们，包括我们两个作者，也开始回归到对人类天性中最宝贵领域的研究。

这种研究热点的变化恰恰契合了社会发展的脉络。正如前文提到过的，美国经济在 20 世纪 70 年代至 90 年代蓬勃发展，社会关注点转向了舒适和成功。虽然过分追求舒适损害了人们的意志力，但是对于成功的追求也促进了积极心理学的发展。我们想说的是，对人类积极潜能的挖掘探索和对消极状态的管理运用并不矛盾。人性本来就是复杂的，只有统合好这两种研究方向，我们才能实现真正的全面发展。

本章重点总结

THE UPSIDE OF YOUR DARK SIDE

1 舒适上瘾的起源：

- 日益发达的经济和科技水平所带来的快节奏的生活。
- 人们对生活基本需求的增加。
- “经验性回避”：采取措施主动压制讨厌的想法和感觉，避免不愉快的体验。

2 舒适上瘾的表现：

- 极为依赖舒适的生活。
- 只能依靠外在物品获得内心的平静及安全感。

3 舒适上瘾的影响：

- 使人越来越难以忍受愤怒、怀疑、迷茫和注意力匮乏等不良心理状态。
- 出现了越来越多的“直升机父母”。

4 与舒适上瘾抗争的对策：

- 学会忍受那些使自己痛苦的想法或情绪，并冷静地对待它们。
- 对积极的情绪保持开放的态度，不过分追求，也不沉溺其中。

THE UPSIDE

3

消极情绪虽坏，也有积极意义

OF YOUR

WHY BEING YOUR WHOLE SELF--NOT

JUST YOUR "GOOD" SELF--DRIVES SUCCESS

AND FULFILLMENT

DARK SIDE

在帕特·莱利（Pat Riley）执教洛杉矶湖人队期间，有一次比赛，整个湖人队在上半场中都是完全漫不经心的状态。他们有空看啦啦队表演，互相讲笑话，却完全无视赛场上发生的事情。明星球员卡里姆·阿布杜尔－贾巴尔（Kareem Abdul-Jabbar）是唯一一个还把注意力放在球场上的人。莱利经过深思熟虑，在中场休息的时候先是大喊大叫，然后盛怒之下掀翻了摆满水杯的盘子。贾巴尔作为唯一的受害者，被淋了个落汤鸡。其他队员见此情形都很愧疚，因为是他们的不良表现，导致贾巴尔无端地承受了教练的怒火。于是他们团结一致，在落后 20 分的情况下努力扳回了分数，取得了比赛的胜利。后来他们才发现，莱利是故意把水泼向贾巴尔的，而他的计策确实奏效了。

如果莱利在半场时进入休息室，试图创造一种充满快乐、友爱或者满足感的氛围，能让球队打得更好吗？宣泄怒火才是此刻解决问题所必需的。正如我们在球员们的反应中看到的，**消极情绪可以提供很强的动力**。如果你不敞开身心，接受讨厌的消极情绪，那么你将会错失运用人生中最有力工具的重要机会。如果你屈从于“保持积极”的欲望，希望消除、隐藏或掩盖那些消极情绪，你将会在人生的比赛中一败涂地。人们在摆脱消极情绪时，总会无意识地埋没快乐、意义、坚毅、好奇、成熟、智慧和个人成长。当你选择无视消极情绪时，你对积极情绪也会感觉麻木。你还记得那些抑郁的美国人在看喜剧电影时并不会笑的实验吗？

为什么坏的比好的更有力量

佛罗里达州立大学的罗伊·鲍迈斯特（Roy Baumeister）和他的同事们发表了一篇题为“坏的比好的更强”的文章。[1]这个大胆的标题似乎暗示，心理学家找到了测量世间善恶的标准，并且发现测量的结果更偏向于黑暗的一面。然而实际上，文章讲述的是这样一种现象：我们对消极事件的反应要大于对积极事件的反应。举一个例子就能说明这个问题：随机找一些美国成年人进行一次问卷调查后，我们发现，当天的愉悦并不会影响到第二天的生活质量；而糟糕的感觉却会蔓延至第二天起床时（昏昏沉沉）、吃早饭时（燕麦粥就跟牢饭一样难吃）以及去上班时（为了省两三分钟，在高速路上追尾、争抢车道）。同样的模式在心理学研究中也一次次地出现。

◎ 在婚姻中，和谐的性生活会对配偶双方的婚姻满意度产生约 20% 的正面影响。[2]然而，不和谐的性生活会对配偶之间的分歧产生高达 50%～75% 的负面影响。

◎ 当学生们被问到，班上哪个同学是“不受欢迎的对象”时，如果他们把谁列在了名单上，那么他们也会同时说那个人在体育活动和家庭作业上做得不好，在其他方面还有许多失败之处。[3]然而，当他们评价某人是一个“受欢迎的朋友”时，他们并不会因此就认为这个人体格健壮、勤奋好学或者美丽迷人。

◎ 人们在闻到舒适的气味时，往往只会回应一个短暂的微笑；而对于难闻的气味，人们的反应却很强烈，他们会长时间皱着鼻子。[4]

鲍迈斯特团队发现了一个复杂且值得重视的情况：**相比于积极因素而言，消极的事件、经历、关系及心理状态会更多地影响到我们的感受**。你可能会对这一看似悲观的结论感到奇怪，但是我们要提醒你的是，理论上来说，消极反应是我们在进化中形成的本能。[5]负面评价对生存来说非常必要，比如尝起来苦的叶子通常有毒，而这一点在消极情绪中最为明显。情绪在日常生活中相当于一个跟踪反馈系统。当你经历某件事情时，情绪会在精神层面迅速给你提供一个好或不好的信号，指导你接近或者避免特定的情境。

显而易见的是，配偶之间的小吵小闹比早上愉快的道别吻更让人记忆犹新，但如果遇到更不开心的情况，比如挫折或者失望呢？这些情绪带来的感觉会不会比热情和满足的感觉更为强烈呢？这种比较研究可以作为你了解消极情绪的起点：试试花点时间写下你想到的所有关于消极情绪的词语，然后再写下有关积极情绪的词语。你的前一份清单多半会比后一份长。这可能是因为消极词语比积极词语承载了更多特定的意义（简单比较一下“爱”和“愤怒”或者“快乐”和“恐惧”）。[6]在另外一份研究中，调查者对人们如何记忆日常生活中的情绪比较感兴趣。[7]研究者在两周的时间里，跟踪记录了参与调查的成年人每一天的实际情绪，然后要求他们回想这些情绪产生的频率和强度。

你可能也猜到了结果：人们更倾向于回忆那些感受强烈的事件，不论这些事情是积极的还是消极的。

THE UPSIDE OF YOUR DARK SIDE

有趣的是，人们总是会低估他们之前经历的积极事件的次数和强度，却能够准确无误地记起他们经历的所有消极事件。而且相比于增强积极感受的能力，人们有着更多的方法来减少、消除和容忍消极情绪。

你可以回想一下上次争取客户服务的情形：你可能在预约医生，而合适的时间很少；或者你可能在努力向信用卡客服代表争取豁免某次逾期付款的罚金；又或许你在和航空客服代表沟通，希望换一个更好的座位。你还记得那时候自己是怎么做的吗？你是会使用温和的语气并且表现得很友善，还是会提高声调，强硬地提出要求呢？我们猜你是个好人，所以很可能采取了友善的方式。但是让大多数好人难以接受的是，那些蛮横吵闹的人往往能得到他们想要的东西。

爱争吵的个性虽然让人不愉悦，却总是非常有效。我们在这里提倡的是**灵活的情绪掌控力，它会让你做事更强势、更直接、更有效率**。不过你可能会讨厌这样做，认为像这样表现消极情绪是很“消极”的。你可能会认为那些做事咄咄逼人、气势汹汹或者简单粗暴的人通常都是混蛋，而你并不想和这种人交往。不过我们有个好消息，从各种意义上来说，消极模式，注意是有益的消极模式，都和做人是否“混蛋”毫无干系。

T H E U P S I D E O F Y O U R D A R K S I D E

消极情绪的积极作用

消极情绪可以帮助你专注于眼前的状况。当你准备在墙上钻一个洞时，你很可能会关注测距的问题，同时还会密切注意自己的手指所处的位置。潜在的风险会促使你在绝对准确的位置上钻洞，而用一把塑料刀切生日蛋糕则完全不同，因为你只要将每份切得差不多就可以了。来自加拿大皇后大学的凯特·哈克尼斯（Kate Harkness）所做的调查显示：容易陷入消极情绪的人往往能注意到更多的细节。[8] 这一点在面部表情的识别方面尤其明显。那些乐天派的人在看别人的时候只会看到一个大致的模样：好吧，你有一个鼻子和两只眼睛，你的眉毛好像翘起来了。

在哈克尼斯的研究中，不那么乐观的人反而对面部表情的观察非常敏锐，他们会留意到嘴唇上哪怕最细微的颤抖或者眼角最轻微的收缩。也许你已经注意到，这就是为什么当你和爱人吵架时（这是一个消极事件），你甚至会发现他行为中最微小的变化，而你在心情好的时候根本就不会注意到这些变化。问题在于，如果人们愉快的时候总是无视那些小事情，并因此相处得很融洽的话，那么我们是不是就应该满足于这样一种差不多就好的相处方式呢？答案是否定的。相比于一个稍微有点脾气，但能挑出你的新合同中所有细小问题的律师，你真的更愿意选择一个快乐而温和的律师吗？我们也不会这样选择。[9]

空中交通管制工作在传统上是带有消极倾向的。因为从某种程度上来说，空中交通管制是一个注重安全意识的行业。在这个行业中，出错的风险很高。这些工作出了错，往小处说，会导致航班延误和后勤方面的问题；往大了说，可能会造成数千万美元的损失以及成百上千的人员伤亡。空中交通管制工作有时候会被人不逊地称为"空中塞车"，它需要管制员明察秋毫：因为雷达上的那些小光点，实际上是一个个拥有独立呼叫编码、高度、速度和航线的飞机。而消极情绪，比如焦虑和怀疑，就像漏斗一样，会把你的注意力集中到那些重要的细节上。在空中交通管制领域，没有最好，只有更好。就跟我们平时看到的一样，当管制塔台中一切安好的时候，没有人会留意到它的存在。人们往往只在出问题的时候才会格外注意某些事情。

美国肯塔基州路易斯维尔的空中管制员格雷格·佩托（Greg Petto）告诉我们，他所在的管制塔台负责管理 130 平方公里范围内，从地面到 3 000 米高空的所有空中交通。这是一份压力很大的工作，因为飞机之间的距离一旦小于 5 公里，就会变得非常危险。格雷格把雷达室形容为"道场"，指的是进行武术训练的场所。这里的管制员们每天管理的航班高达 700 次，每当半夜时分，都有数量惊人的美国联邦快递飞机陆续起飞，那是管制员们一天中最为忙碌的时间。我们问格雷格，在知道联邦快递运输的只是包裹，而不携带乘客的情况下，夜间的空中管制工作会不会显得没有那么高风险呢？

“说实话，”格雷格回答道，“我不得不把所有的飞机看作是屏幕上的光点。如果真的把它们当成在天空中飞翔的真实物体的话，我早就疯掉了。”接着他又补充道：“如果能按照恰好的距离和时间排布好所有的飞机，那种感觉还是很不错的，真的。”尽管格雷格很为自己的工作感到骄傲，但是他也承认，管制员的心理多少会受到一点消极影响。当工作节奏紧张时，他们可能会变得有点烦躁或者好斗。“我们会通过互相调侃、回家祈祷或者是喝点小酒之类的方式来应对这种状况。每个人的文化背景不同，选择的减压方式也不一样。”

在这里我们需要停顿一下，并且指出很重要的一点：大部分人在考虑消极情绪时，都犯了一个巨大的错误。大家的典型做法是，把消极感受的体验和消极感受的表达区分开来。大多数人在和我们聊过以后，都能很快地接受消极感受乃是一种有效的，甚至是不可避免的心理体验。而另一方面，表达沮丧的情绪，或者甚至只是表现得过于悲伤，对大多数人而言仍然难以接受。这就像是我们把自己看成了电脑，将大量的内部程序隐藏起来，与屏幕上显示的内容完全分离。这种态度在不同的文化中都或多或少地存在。它部分来源于这样一种观念：生活在一个人人面带微笑的社会，比每日与大喊大叫的人们为伍更容易一些。但是大家都忽视了一点，那就是情绪表达之所以存在，其实是有原因的。情绪表达是我们与他人之间的一种非常重要的沟通方式。眉头紧锁或者愁眉苦脸，会警告别人你现在心情不好，不要来惹你，因为你难免会有心情不好的时候。恐惧的喘息则有一种传染的效果，在旁边的人也会感觉到肾上腺素的变化，并且紧张地四下张望。所以，**情绪的表达，包括消极情绪的表达，是人类情绪体验中很重要的一部分。**

回避消极情绪的 4 大原因

你可以花点时间想想以下问题：你愿意花多少钱避免再次对着一群面无表情或者不停聒噪的人发表公开演讲？想一想你曾经因为自己的不安全感而欺负一个无辜者的情形，如果能够避免再次遇到这种尴尬的情景，对你而言价值几何呢？另一方面，你又愿意花多少钱来重新体验一次你与爱人第一次约会时的兴奋感？想想你体验过的最棒的一次按摩，如果你现在就能再体验一次，你又愿意为此花多少钱？

THE UPSIDE OF YOUR DARK SIDE

你愿意为情绪花多少钱

香港大学的刘喜宝（Hi Po Bobo Lau，音译）博士和她的团队在研究中就提出了这些问题。[10] 让我们和参与者们一起进入理想的场景吧。回想一下你生命中某个非常开心的时刻。现在，你愿意花多少钱（在 2 美元～200 美元之间定价）来重温这一时刻？在你得出一个特定的金额后，我们会转到其他的积极情绪上。比如平静的感觉价值多少？兴奋呢？下面我们把注意力集中在消极情绪上。回想一个让你感觉很后悔的时刻，你会花多少钱来避免再次体验这种感觉？如果换成恐惧呢？尴尬呢？我们会要求你给每一种情绪都标上一个确切的价格。你现在可能已经猜到了，参与者们为避免痛苦所花的费用要高于购买快乐。我们还可以看到精确到美分的结果，以下是刘博士的研究对象们愿意付出的代价：

平静安宁，价值 44.30 美元

兴奋，价值 62.80 美元

快乐，价值 79.06 美元

避免恐惧，价值 83.27 美元

避免伤心，价值 92.80 美元

避免尴尬，价值 99.81 美元

避免后悔，价值 106.26 美元

只有一种情感比“避免后悔”这一项更贵，那就是爱。虽然快乐、兴奋和平静的感觉都非常好，但是作为社会性生物，我们更希望有人能接受、珍视、关心自己。爱价值 113.55 美元。如果你们不是来自中国香港地区，可能会对这些价格有所怀疑。现在我们就告诉你，在被问到同样的问题时，来自英国的成年人也有着同样的“购物体验”：宁静（53.47 美元）和兴奋（60.90 美元）还算值得购买，但比不上避免尴尬（71.83 美元）和后悔（64.40 美元）的需求，更比不上爱（115.16 美元）。

这些明码实价给我们提供了一扇窗户，让我们看到了人类内心对于改变内在和外在的世界有多大的动力。而其中最重要的愿望，就是为他人所接纳。之所以如此，全因我们无法控制别人对我们做什么或者说什么，而只能控制自己的想法和行为。

这种缺乏控制力和充满不确定性的感觉，可能是最不舒服的心理状态。稍逊一筹的则是对于后悔和尴尬的恐惧。价值最高的这三种情绪状态都与别人对我们的评价有关。而不幸的是，对于消极情绪的担心往往会妨碍我们在第一时间赢得他人的认同。但这只是我们讨厌消极情绪的原因之一。我们回避消极情绪不是因为我们太蠢，不知道选择更好的方式，而是因为以下 4 点最基本，而且很符合直觉的原因：

1. 它们很令人讨厌；

2. 它们代表着止步不前；

3. 它们与失去自控力有关；

4. 它们被认为（没错！只是“被认为”）会造成社交方面的不良影响。

让我们再深入探讨一下这 4 种基本动机。**我们会避免糟糕的感觉，第一个原因是，感到糟糕这件事本身就很糟糕。**这就是说，消极情绪本身就是令人讨厌的。在午后时间体验压力和失望，就和接受一整天巴西式热蜡脱毛一样可怕。不过人们犯了一个错误，不是错在想要回避讨厌的消极情绪，而是在于低估了自己忍耐消极情绪之苦的能力。就像我们看到女人们在等待自己是否怀孕的检查结果时那样，消极情绪实际上并没有我们大多数人想的那么难受。也许你曾经感到过愤怒和恐惧，但此时此刻，很可能这两种感觉你都没有。这些感觉过去了也就消失了，你并没有因为经历过它们而变得更差。所以在处理讨厌的情绪方面，你比自己想象的要更强。

作为参考，你可以回想一下你上一次觉得无聊时的经历。加拿大卡尔加里大学（Calgary University）的彼得图希（Peter Toohey）认为，无聊是一个很有用的工具，它让你知道社交活动或行程安排已经脱离了你的掌控，而且你很不满意。当你在聆听冗长的演讲或者乘坐长途飞机时，你可能对无聊束手无策。但是一般情况下，你都能把自己从无聊的状态中解救出来。无聊通常是一种很重要的启示，它代表你做了错误的选择，或者不能接受新事物（比如你的思想太保守或者对别人的要求太苛刻）。更有意思的是，尽管你很讨厌无聊的感觉，但你每次都能很好地处理它，让它很快消失。当你想到无聊时，你很自然地就更关注它曾让你感觉多么难受，但却忽略了一个事实：你在生活中已经非常有效地处理了几百次，甚至几千次“无聊危机”了。

人们对消极情绪避之不及的第二个常见的原因是：**我们相信这些情绪就像流沙一样，人一旦陷进去，就再也逃不出来了。**比如抑郁，一般人看来它就是一种很难改变的状态，而且这种消极情绪持续的时间越长，就越有可能再也好不了。

现在，我们来看看关于长期抑郁者的一组统计数据。其中有一些可以给上面的结论提供支持：在经历过一次严重抑郁发作的成年人中，有 60% 的人会经历第 2 次[11]；已经发作过两次的人，有 70% 的概率会发作第 3 次；有过 3 次发作的人，爆发第 4 次的概率高达 90%。是的，这些数据很吓人，尤其是当你数学不太好的时候。如果有 100 个人曾经抑郁过，那么他们之中有 60 人会经历第 2 次，有 42 人会有第 3 次，有 38 人将会有第 4 次。毫无疑问，对于最后那 38 人来说，这是一个很严重的问题。

但是，大多数长期抑郁的人并没有陷入无法逃脱的情绪监狱。他们会在少数几次抑郁症发作后得到解脱。当然，这种经历肯定并不好受。同样的道理也适用于其他消极情绪，比如，人们倾向于认为愤怒会打开我们内心的隐秘开关，把我们变成暴徒；又或者恐惧会让我们一辈子都像躲在桌子下面似的小心翼翼。通过生活经验你就能知道，这些都是不可能的。

我们回避消极情绪的第三个原因是，**我们害怕它会像台风一样，把我们击倒，卷入到某个随机的、我们可能不想产生的想法或行为里去**。也就是说，尽管没有表达出来，但人们总是很害怕消极情绪会让他们失去控制，进而做一些平时不会做的事情。其中最明显的例子就是愤怒这一负面情绪了。当然，这种想法也有一定的根据，比如美国法律规定冲动杀人属于二级谋杀，比预谋杀人的一级谋杀罪名要轻。这就好像是立法者一致同意了："嗯，头脑发热确实容易让人失去控制。"但是，想想看你知道的人又有几个犯下了一级或者二级谋杀呢？谋杀这种情况是极端少见的，所以才能上头条新闻。

愤怒并不会让你成为罪犯，不过它确实有着惊人的影响力。研究者们对于"头脑发热"这个词很感兴趣，他们很好奇，愤怒在人们的印象里是怎么跟热度联系在一起的。[12] 在一次实验中，研究者给了部分参与者一组与愤怒相关的词汇，比如“鄙视”“敌对”和“恼火”，并且告诉他们这是一次记忆实验。然后，研究者在另一项活动中，让参与者们猜测一些不熟悉的城市的温度，让他们判断大概是冷还是热。研究者们发现，那些在之前拿到愤怒相关词汇的参与者，会更倾向于猜测某个地方是热的。

我们逃避消极情绪的第四个原因是，**我们害怕表达这些情绪所带来的社交后果**。你的直觉告诉你，如果你面目消沉地在办公室里走来走去，或者总是无端地爆发怒火，那么其他人肯定会在你走过的时候躲在小隔间里。同样，这种想法或许有些道理，但是我们的畏惧心理却是反应过度了。消极情绪确实能影响别人。在一次经典的实验中，托马斯·约拿（Thomas Joiner）就情绪在室友之间是否具有传染性进行了研究。他发现，如果有室友在初次评估中有抑郁倾向，那么其他人也很可能在接下来的三周里感到抑郁。这一点在约拿控制了抑郁和负面事件的发生概率以后仍然没有改变。抑郁不光具有传染性，更有甚者，它的负面影响要远大于乐观所带来的正面影响。这似乎有点颠覆三观，而且又是一个坏比好更强大的例子。

你现在可能感觉很奇怪，为什么我们只是列出了人们逃避消极情绪的 4 个主要原因，却没有逐条去批驳。答案是，我们做不到。因为在某种程度上，它们都是有据可依的。真正重要的问题是：消极情绪存在的意义到底是什么。实际上，它是我们情绪健康体系里很重要的一环。虽然消极情绪有时候很糟糕、让我们难受而且感觉麻烦，但它们还是很有用的。

THE UPSIDE OF YOUR DARK SIDE

所有的情绪，不管好坏，都蕴含着许多信息，能帮助我们判断工作的进展、交流的成效、环境的好坏、行为的结果。简而言之，你的情绪就像汽车仪表盘上的 GPS 一样，能告诉你目前所在的位置、速度以及前后方的路况。

那些拼命逃避和消除消极情绪的人，往往会失去这些情绪带来的重要信息。你得明白：

◎ 当你可能遭遇侵害时，你不会希望自己毫无畏惧；

◎ 当你的孩子受到欺负时，你不会希望自己毫无愤怒；

◎ 当你在吉他课上表现不佳时，你不会希望自己毫不羞愧；

◎ 当你指责孩子不够聪明、漂亮或者善良时，你不会希望自己毫无悔意。

在上述情形中，消极情绪会及时提醒你状况不对，得立刻纠正。如果你在愤怒或者其他消极情绪产生时，立刻压制它而不进行处理，那么你就很难弄清楚你为什么生气或难受了。消极情绪的作用很值得重视，但是这一点却很难被人们接受。也许你会认为逃避消极情绪的理由那么多，干吗自找苦吃呢。但是你得想明白，消极情绪的好处真的只有一个吗？就算真是这样，那一点点好处也非常重要。试想一下，如果世上再没有人因为理想受挫而失落，如果你对家中地下室里冒出的火焰无所畏惧，或者对游泳时身边漂浮的注射器无动于衷，那将是多么可怕的情形。如果没有这些所谓的消极情绪，那么我们将生活在一群行尸走肉中。

发掘 3 种可怕情绪的积极力量

情绪一：愤怒

马修·雅各布斯（Matthew Jacobs）是一个 50 多岁的木匠，在公寓式合作商店里工作和生活。他以手艺精湛而闻名，休息时喜欢读纪实文学和踢足球。雅各布斯年轻时曾经参过军，还作为军官参加过越南战争。据他说，他年轻时常常热血沸腾，但现在已经不再冲动了，只想过上平静的生活。

2013年5月的一天深夜里，雅各布斯在市中心的长廊边吃饭。街边的一位女性越南小贩正递给雅各布斯一碗越南米粉，这时突然从旁边跑来一个大汉冲着她大喊大叫。这个不知道哪里来的陌生人先是找她要一支笔，得知她没有后，又用带着种族歧视色彩的绰号辱骂她。当时在场的还有两个女高中生，她们在那儿坐立不安，生怕惹上麻烦。

当这个大汉说话越来越过分时，雅各布斯终于意识到现场只有他能挺身而出保护小贩和两个小姑娘。出于先礼后兵的处事原则，雅各布斯先平静地对大汉说："不好意思，你能小点声吗？"对方转向雅各布斯，对他吼道："你最好别多管闲事。"雅各布斯冷静地回应："我们只是想在这里吃饭，不想找谁的麻烦。"在雅各布斯心里，这是最后一次让步，他的好脾气已经用尽了。然而，他的努力并没有起到作用。那个暴怒的大汉走到雅各布斯面前，满嘴脏话地冲他叫嚷。

雅各布斯小心地放下碗，提高声调，用威吓的语气说："如果是在我们那儿，你这是想打一架。那好，现在我就在这儿，咱们开始吧。"那个愤怒的男人被吓到了，后退了好几步，撂下几句狠话就走了。雅各布斯深吸了几口气，终于冷静下来，庆幸地想：幸亏没有真的动手，小贩和小姑娘们也都没受伤。他看了这些人一眼，本来还指望能收到些感谢，结果她们却很害怕地看着他，就像害怕刚才那个暴躁的大汉一样。

这是一个真实的事件，没有英雄与恶棍大打出手，获得被拯救少女的青睐之类戏剧化的情节。这是一个在真实生活中展现消极情绪的例子。正如雅各布斯在这次事件中展现出的愤怒一样，消极情绪往往是由一些极端情形造就的，而不是什么"毫无来由的"。表达消极情绪有时可以起到震慑他人的作用，不过当事者也需要承受一定的代价，比如吓坏身边的人。正如我们在这个例子里看到的，愤怒可以让对方的态度发生戏剧性的改变，一般都能让他们迅速撤退或妥协。正因如此，有时候愤怒或者其他消极情绪，比和善的态度更可取。

愤怒本身并无好坏之分，重要的是你如何对待它。研究表明：只有 10% 的情况下，愤怒会引发暴力事件。这说明，人们产生愤怒，并不意味着就会侵犯他人。人们之所以会感觉到愤怒，一般是因为受到了不公正的待遇，或者是在实现目标时遭遇了阻碍。我们曾搜集了 3 679 份日常生活中的愤怒案例，结果发现在 63.3% 的案例里，愤怒都是由别人的错误引起的，并且通常是因为别人没有尽到应尽的义务，或者做了不该做的事情。[13]

愤怒情绪的益处

在社交中，为了应对愤怒等无法预测的复杂情况，人类进化出了“重量级”的大脑（人类大脑的质量是猫的 48 倍、比格犬的 20.5 倍）。我们都有过被人侵犯或者被伤害的经历，哪怕你心地善良、礼貌待人，还是可能遭遇责难、戏耍、欺负、背叛、欺骗、冒犯等不公正的待遇。积极的心态并不足以帮助我们解决所有的社交和情感问题，相反，愤怒在一些特定场合能起到极大的作用。研究表明，愤怒可以增进乐观性、创造力和表现力，还有助于主导谈话和应对变化。下面我们来看几个例子。

第一，愤怒的人对未来更乐观。在一次实验中，研究者要求被试者翻开一些卡牌，每张卡牌都有一个特定的分值。被试者可以选择卡片的数量，但最多只能选 32 张[14]，其中有 3 张卡片分数为负值，一旦抽到就会被扣掉数百分，这远远超过了其他卡片的分值之和。研究者发现，没有人愿意翻开全部卡片，不过那些事先感受到愤怒情绪的被试者在翻牌时愿意冒更大的风险。愤怒似乎让他们对未来抱有更多期待。

另一项关于风险投资决策的研究也证实了上述结论。[15] 在这项研究中，研究者询问了被试者对于离婚的风险、患性病的可能性，以及某种实验性新药是否会成功等概率性事件的看法。研究者发现，那些处于愤怒状态的被试者更相信未来是可控的，更相信凡事都会有好的结果，也更相信冒险能够带来回报。也就是说，愤怒作为一种高激发性情绪，不仅能帮我们更好地处理威胁，还能使我们更好地应对日常事件。这也许就是运动员们常用愤怒刺激自己发挥的原因。

第二，愤怒可以提升创造力。这看起来似乎不可思议，但却是事实。在心理学领域，对于创造力的研究大多很有趣，其中一个经典的问题是："你能用一块砖做什么？"你现在可以花点时间想想答案，越多越好。最先出现在你脑海里的多半是砖最常见的用途，比如建一堵墙。接下来，你可能会想到一些与砖头的质量、形状和韧度相关的用途。也许你的答案还包括用砖做门档、镇纸、踏板或者抛掷用的武器。这些都很好，但是还有没有更少见的用法呢？比如把砖头放到背包里作健身工具，或者是放在餐桌上做隔热垫，又或者是放在车里，以备在陡坡上停车时嵌在轮胎后面防滑用。你甚至可以把砖头当作游戏道具，拿着它贴在耳边假装在用大哥大打电话。

心理学家常把这个砖头用法的问题作为测量一个人创造力的工具。根据被试者的答案可以分析其思维的流畅性（想到多少种用法）、原创性（有多少罕见的用法）和灵活性（有多少不同种类的用法）。在一次实验中，研究者先让被试者在另一个活动中感受到愤怒或者平和的情绪，再让他们回答有关砖头用法的问题。[16]研究发现，那些平时喜欢研究规则、遵守规则，并从中获得掌控感的人，在受到愤怒的刺激后表现出了更强的创造力；而那些不喜欢墨守成规、充满叛逆精神的人，在愤怒时创造力却会下降。这说明，愤怒对于不同的人群有着不同的影响，在某些情形下确实可以提升创造力，而不像人们想的那样一无是处。

第三，愤怒可以用来刺激员工的表现。虽然没人愿意在暴君手下干活，但有时候老板稍微地爆发一下，却能让员工迅速进入状态，做好该做的事情。老板们都知道这个道理，而且家长在教育熊孩子的时候也常常会用到。在英国，有研究者曾针对经理做过类似的研究。[17] 他们发现，虽然发火并不一定起作用，甚至可能导致让人后悔的结果，但有时候它却是解决纠纷的最佳方案。在研究中，有一位经理就提道：

> 在不久前的一次项目讨论会上，我和结构工程师们吵翻了。他们想把工程彻底推倒重建，完全不考虑挽救措施，而这个项目已经进行好长一段时间了……这次会议就这么不欢而散了。回头看来，我并不后悔，因为我的这次爆发确实解决了问题。

愤怒能否起到作用并不取决于你有多生气，而是得看实际情况。就算是那些偶尔靠发火解决问题的经理们也明白，这并不是人际交往的常规手段。有人总结得很好：

> 这招奏效了，它确实起到了我想要的作用，每个人都回到了自己的岗位上，之前没被重视的问题也迅速得到了解决，一切都很完美。不过我想，如果常常冲员工发火的话，可能最终反而会起到相反的效果。但如果只是偶尔为之，发火还是很有效的。

第四，愤怒在谈判时也能起到意想不到的效果。当两人或者多人想要达成共识时，愤怒的人往往占据优势。

THE UPSIDE OF YOUR DARK SIDE

愤怒式销售

在一次实验中，研究者要求被试者以尽可能高的价格卖出一批手机，被试者实际获得的奖励也与销售额直接挂钩。[18] 当这些被试者提出最初的报价以后，买卖双方会进行好几轮讨价还价。为了达到研究目的，被试者们会遇到不同类型的买家，有的愤怒，有的开心，还有的很淡定。研究结果发现，在面对愤怒的买家时，被试者很难坚持强硬的立场，往往会在第三轮讨价还价时让步，降低 20% 的报价，在第 6 轮甚至降至最初报价的 67% 。研究者认为，愤怒的人在谈判中往往能占据优势地位。也就是说，愤怒能够提供一种积极情绪无法带来的竞争优势。

值得注意的是，为了达成更优惠的交易而假装愤怒是没有效果的。研究者们发现，当他们找来职业演员假扮愤怒的买家时，结果却事与愿违。[19] 卖手机的人觉得这些买家不可信任，反而提高了报价。

贝拉克·奥巴马就是假装愤怒却无效的鲜活的范例。不论政治立场如何，你都得承认，奥巴马比大多数美国总统都要温和，而且他语调沉稳，讲话行云流水。2010 年墨西哥湾漏油事件发生时，奥巴马总统最初的反应十分冷静淡定。后来当他在电视演讲中表现出愤慨的情绪时，却没有得到预期的反馈，因为大家都不怎么买账，反而觉得他很虚伪。

此外，愤怒还能促使人们团结起来反抗不公正、不合理的社会现象。在每一部英雄传记中，我们都能看到相同的故事：最初的反抗总是在忍无可忍的愤怒中爆发，就像火花点燃引擎一样。马丁·路德·金曾说过：“最重要的任务是组织和团结群众，把他们的愤怒汇聚成改变社会的力量。”也正是愤怒改变了杜波依斯（W. E. B. Du Bois），使他在那个充满阶级剥削与种族歧视的年代，从一个杰出但并无影响力的学者蜕变为强大的民权斗士，他曾说：

> 那是在我的研究进展得最为顺利的时候发生的事情。就像科学家发现了无法忽视的异常现象一样，我还记得那时脊背发凉的感觉……我看见了山姆·豪斯（Sam House）惨遭私刑处死的新闻，当地人甚至把他的关节骨放在杂货铺里展览……从那以后，我开始逐渐远离原来的工作……在黑人仍面临着被私刑、谋杀、饥饿折磨的时候，我怎么能做一个冷静理智、超然物外的科学家呢？[20]

后来，杜波伊斯在自传中详细描述了愤怒如何刺激他采取行动，发起尼亚加拉运动，并最终成立了美国全国有色人种协进会（NAACP）的过程。

在回忆第一次世界大战时期的经历时，伯特兰·罗素说："我为那些在战场上被屠杀的年轻人感到痛心疾首，并对欧洲的政客们充满愤怒。"无独有偶，海伦·考尔迪科特（Helen Caldicott）也是在"激愤难平"之下开始了反核运动，并带动了一系列社会运动。

THE UPSIDE OF YOUR DARK SIDE

愤怒使我们奋起保护自己和自己所爱之人的安全和福祉。愤怒常常让人无私奉献。没有什么情绪比愤怒更能让人们团结一心、患难与共。

满腔愤怒、厌恶排斥与善良同情、友爱公正并非截然不同、不能共存的两种极端状态。人们往往觉得健康的社会不需要愤怒，因此反而会埋没愤怒的巨大潜能。

公众对于愤怒的偏见很大程度上是不公正的。[21] 毋庸置疑，愤怒确实是一种具有很强煽动力的情绪。以谨慎的态度运用愤怒，避免滥用是十分明智而必要的。常存敬畏之心，把愤怒留给那些侵犯你权益的人，并且做好应对不良后果的准备，这样你才能有效运用愤怒。如果你能牢记上述几点，那么你在特定情形下表达真实的愤怒，是完全合乎情理的。

如何运用你的愤怒

当你想要表达愤怒或者其他消极情绪的时候，你可以从所谓的“打预防针”开始。首先让对方明确知道你现在情绪不好，不能像平时那样清楚地表达自己的想法。这样做并不是提前为你要发火的行为道歉，而是为了说明你接下来要说的话可能无法准确地表达你的意思。你可以这样说：“我希望你能明白，我现在情绪不太好，所以不是很适合发表自己的意见。但是在目前这种情况下，我觉得我还是得说两句……”“打预防针”是为了削弱对方的戒备和抗拒心理。当对方听说你很不舒服，不适合对话时，会更容易接受你要说的话。在这段开场白之后，你就可以深入阐述那些让你不舒服的事情了，即为什么你会生气以及你的想法和感觉。

哪怕是在你觉得发火或者表达其他消极情绪完全合情合理的场合，只要这些愤怒的感觉是真实的，最好都先来一段“打预防针”的开场白。需要牢记的是，这段开场白是为了改变对方的态度或者行为，使谈判的优势向你倾斜，便于对方接受你的意见。只要控制得当，愤怒完全可以成为我们扫除威胁与障碍的有力工具。你还可以通过一些身体动作来表达愤怒的情绪，即所谓的“微侵犯”。比如拍桌子叫板、挥拳头、秀肌肉之类的动作，你懂的。

如果上述这些都无法说服你通过表达愤怒来消除潜在威胁的话，那你再看看下面这项研究。密歇根大学公共卫生学院的欧内斯特·哈伯格（Ernest Harburg）博士带领他的研究团队，花了数十年时间跟踪研究愤怒对于同一群成年人的长期影响。[22] 他们发现，那些习惯于在遭遇不公正待遇时压抑愤怒的人，比那些勇于表达愤怒的人更容易患支气管炎和心脏病，寿命也更短。

最为突出的问题在于，如何好好利用愤怒的情绪，尤其是在处理人际关系方面。首先，我们并不推荐通过默念“我必须远离愤怒”“我要把怒火关在心里”“我要少生气”之类的话来控制或者避免愤怒。你得弄清楚，在生活中哪些事情是可以控制的，哪些是超出控制范围的。如果你在长途旅行时，第一天就把冬帽弄丢了，那么你就算再生气也无济于事。但是如果你是在跳蚤市场为了一顶报价过高的帽子跟货主争论，那么愤怒就能派上用场。

在后一种情况中，我们又要如何恰当地表示愤怒或者不满，来达成我们想要的结果呢？《愤怒障碍》（*Anger Disorder*）的编者、心理学家霍华德·凯西诺夫（Howard Kassinove）博士曾提到，这其中的关键在于“使用合适的语调，不要进行人身攻击”。[23]

其次，**要学会控制愤怒的节奏**。人在愤怒时，尤其是热血上头的时候，很容易进入应激状态，反应过于直接迅速。你可以想象愤怒有两种模式，既可以是简单直接的高声怒吼，也可以是经过思考，为了达到想要的结果而发火。当你愤怒时，即便对方正等着你的回复，你也应该先暂停一下，并且让对方知道，你有意避免事态激化。正确的选择比快速的反应更好。下次你想发火的时候，先停下来，深呼吸。短暂的思考能让你更好地控制局面。如果慢下来让你不那么愤怒了也很好，但这不是我们的目标。控制愤怒节奏的真正意义是：在情绪激昂时给自己更多的思考和选择空间。

学会像棋手一样思考，在采取行动时先预估对方的反应，并做好后手准备。如果一切顺利，就按照预定计划推进；如果局势不妙，则变换方案并观察对方的反应，进一步权衡。不停地问自己这样一个问题：“我现在发火对于改善局势，是有益的还是有害的？”当你在和别人交流时，没有标准答案可以参考，因为双方的情绪和行为都在随时变化。可能某一刻你想要通过讲故事占据主导地位，下一刻你就为了拉近双方的距离，而忽略对方的煽动性言论。

当我们极端愤怒时，往往觉得自己必须进入攻击模式，否则就会有严重的后果。心理学家约翰·里斯金德（John Riskind）的工作是帮助人们处理一些看似无法控制的情绪问题。作为这方面的专家，里斯金德提出了应对此类问题的方法。[24] 他发现，比愤怒的情绪更麻烦的是，人们常常相信引发愤怒的威胁正在迅速逼近，危险程度也在逐渐上升，而能够做出反应的时机稍纵即逝。这种迫在眉睫的危机感会促使人们采取行动，消除眼前的威胁。但是从长远来看，这些行动会导致更糟糕的局面，比如在超市排队结账时，对插队的人报以老拳。

我们的首要任务是不断评估自身的愤怒是处于增长、减弱还是稳定的状态。你可以参考表 3-1 的愤怒判别速度表，通过具体的数字和文字描述来衡量愤怒的程度[25]：

表 3-1 愤怒判别速度表

速度	愤怒程度
140 公里 / 小时	气得爆炸
130 公里 / 小时	气得冒烟
120 公里 / 小时	怒火中烧
110 公里 / 小时	气愤恼怒
100 公里 / 小时	愤愤不平
90 公里 / 小时	气愤不满
80 公里 / 小时	反感厌憎
70 公里 / 小时	焦躁不安
60 公里 / 小时	心烦意乱
50 公里 / 小时	心神不定
40 公里 / 小时	心平气和

如果你的愤怒值已经超限，那你就需要一点时间慢下来，恢复灵活的反应和对情绪的控制力，因为在高速状态时，你的行为很容易失去控制。你可以想象这样一幅画面：你踩下刹车，当车速从 130 公里 / 小时降到 100 公里 / 小时再到 80 公里 / 小时的时候，那些看似近在咫尺的威胁就会变得远一些。在这个安全距离内，你可以仔细聆听对方的发言，分析其身体语言背后隐藏的信息。通过降速你可以仔细观察让你生气的对象，看他到底是愿意交流还是拒绝沟通，是意图发动攻击还是只想解决问题。

慢下来的世界到底是什么样子呢？对此，里斯金德的描述是："你可能会觉得有太多事情要做，却没有足够的时间去做。"下次愤怒的时候，尝试降速吧，你会发现威胁正在远离，你一下子有了喘息和调整的空间。本节的主旨就是帮助你运用好愤怒的情绪。

情绪二：愧疚感

在当代社会，人们害怕愧疚感就像害怕发胖一样，认为它既不健康也不为社会所接受。这大概就是为什么长胖会让我们觉得愧疚的原因。在我们的文化里，让别人有愧疚感是一种卑劣的手段。现在有专门的治疗师提供减轻愧疚感的服务，还有一些自我激励大师鼓励人们摆脱愧疚感的怪圈，更不用提各路人生导师们关于"你应该做什么"的滥觞了。与此相反，我们想为愧疚感正名。我们并不是想说愧疚感总是好的，但有些时候它确实有益。比如，有愧疚感的人会比没有愧疚感的人更愿意去改善自己的行为。

道格·亨施（Doug Hensch）刚过 40 岁，经常帮助一些机构培训领导者。不过他真正感兴趣的事情是，给他 9 岁的儿子所在的橄榄球队当教练。他最得意的一次授课经历是，教育球队里一个刚来到美国的小孩赞德。赞德反应迅速，体格强壮，很有运动天赋，但是他却没有把这天赋用在正途上，他常常拿着水瓶冲其他小孩喷水，或者把舔过的手指放到别人的耳朵里。忍无可忍的道格召集全队开会，在教育赞德的同时也告诫其他队员。

道格不喜欢这种谈话，但他并没有打算隐藏自己的态度。他先从“打预防针”开始：

> 我是你们的教练，也是一位队员的家长，但是我也是从9岁开始打球直到21岁，你们多半也会如此。我很清楚，跟板着脸的教练一起开会是很痛苦的事情。但是你们得明白，这对我来说也不是一件容易的事。
>
> 我希望你们好好看看周围的队友，想一想他们每周都努力训练、不怕受伤、挥汗如雨、浑身是泥，甚至上气不接下气、累到想吐的样子。现在我要你们每个人都思考一个问题：你们现在正在做的事情，对这个团队是有益的还是有害的？

在静坐了一分钟后，道格要求每一名队员就当天的表现举例说明自己为团队做了什么贡献。接着他又让队员们就本赛季的表现举例说明自己做了哪些伤害团队的事情，哪怕是特别微小的事情。每个队员都有话可说，在最后一个孩子发言完毕后，道格又说：

> 当你在做伤害团队的事情的时候，你其实是在伤害你的朋友，伤害那些在球场上保护你、为你而战、为了让你得分而冒着受伤的危险跟比自己强壮的对手抗衡的孩子。从现在开始，我会经常问你们这个问题，当你发现自己做了伤害团队的事情时，我希望你不要为此伤心，而是想办法挽救。明白了吗？

看到每一个队员都点头同意后，道格把大家聚起来围成一圈，齐声高喊了三次队名。

赞德没有得到期待已久的首发位置。不过，道格说，在后一场比赛中，赞德开赛不久就带球跑出了 70 多米并触地得分，给团队带来了赛季首胜。当赞德发现他的队友更加尊重他，是因为他为团队做的贡献而非捣乱的行为（虽然有些也挺好玩的）时，他投入了更多精力参加训练和比赛，还在赛场边为队友鼓劲打气，整个人的精神面貌也都焕然一新。道格教育赞德的方式是通过明确表示自己的不满，让赞德产生一点愧疚感，从而使赞德转变为一个有责任感的孩子。这种做法确实奏效了。

我们也常把相同的方法用在大学授课上，比如我们会问学生：你们做的事情对这个班集体而言，是有益的还是有害的？教育孩子的时候我们也会问：你做的事情对家庭而言，是有益的还是有害的？作为在社交方面比较笨拙的心理学家，我们在和别人交流时也常会扪心自问：我们做的事情对于人际关系而言是有益的还是有害的？我们希望你在应对愧疚感时也考虑一下这个问题：愧疚感有助于我成为一个更优秀、更强壮、更聪明的人吗？

现在我们来看另一个证明愧疚感有益的例子，看看那些因为做了错事而遭受处罚、暂时与社会隔离的人，以及在监狱服刑的人出狱后再入狱的可能。美国司法局在 1994 年所做的关于出狱人员再犯罪概率的研究表明：在美国 15 个州的监狱释放人员中，3 年内因犯下重罪或累犯轻罪而再次入狱的概率高达 67.5%。[26] 对于出狱者来说，似乎再犯罪是一种常态，安分守己反而是例外。

看到这组数据，你可能会觉得进过监狱的都是无可救药之人。或者你也可以这么想，这些犯人其实和大多数普通人一样，只是想找到归属感、人生意义和目标之类的东西，甚至只是想让自己的孩子过得更好而已。核心的问题在于：如何使出狱者避免再次犯罪呢？琼·坦尼（June Tangney）是一名杰出的临床心理学家，她花了近 10 年的时间研究愧疚感之类的道德观念能否成为消灭犯罪的秘密武器。在一项研究中，坦尼博士发现，那些容易为自己做过的错事感到愧疚的犯人会因此更痛苦，更愿意忏悔、道歉，并想办法补救自己造成的损害。[27]这种犯人在被释放后很少会因再次犯罪而入狱。这也就是说，那些容易产生愧疚感的犯人很少会在出狱后再惹麻烦，他们就是上述数据中的“例外”。

愧疚感可以增强我们的道德观念，还有助于我们在社交方面理解、关心他人。这一点对没有犯罪的人来说也是一样的。有研究表明，容易有愧疚感的人很少会酒驾、偷窃、吸毒或者攻击他人。[28]我们常说一个人的品格会在独处时体现出来，而愧疚感正是慎独的基石。如果学校老师和家长们都忽视愧疚感的价值，那么势必会花费大量额外的精力来培养孩子，才能使他们成为健康的社会人。

愧疚感不是羞耻感

大家之所以会对愧疚感产生不良印象，主要是因为大家错把愧疚感当成了羞耻感。根据《美国传统词典》(*American Heritage Dictionary*)的定义，愧疚感指的是“为自己做了不该做的错事而感到悔恨和自责”，与羞耻感差异甚大。当我们感到羞耻时，我们不只会认为自己行为失当，还会从心底里觉得自己低人一等。愧疚感仅限于我们做错的事情，因而是有益的，然而羞耻感却是对自身的全面否定，并无益处。

人在遭遇失败或者做了错事以后会产生愧疚感、羞耻感等消极情绪。要想找到真正有益的消极情绪，先得弄清愧疚感和羞耻感的区别（见表3-2）：

表3-2　愧疚感和羞耻感的区别

什么是羞耻感	什么是愧疚感
关注焦点在于自身	关注焦点在于不当的行为和造成的损害
对自己持否定态度	对自己的行为持否定态度
感觉很痛苦、很受伤	感觉痛苦程度一般
自问：我怎么会做这种事情?	自问：我怎么会做这种事情?

续表

什么是羞耻感	什么是愧疚感
相信自己没有能力避免负面的结果	相信自己有能力避免负面的结果
想要退缩、逃避、消失	感觉很焦虑、很懊悔
想要躲藏，或者攻击自己或他人	想要挽回损失，修复伤害
责怪他人（寻找替罪羊）	自责

羞耻感让人痛苦、厌恶自己，让人想改头换面、找地方躲起来，甚至希望自己人间蒸发。愧疚感让人从错误中吸取教训，变得更好。有愧疚感的人尽管不喜欢被贴上坏人的标签，但也不会隐藏自己做过的错事。因为他们已经准备好挽回自己造成的损害，并且保证不再犯同样的错误。羞耻感带来的负面影响是持续性的。

成年人往往愿意花费大量金钱来避免让自己懊悔的事情再次发生，下面我们就来探究其中的缘由。想象一下你是个最近才开始戒酒的人，上次喝酒已经是半年以前了，这都归功于你参加的匿名戒酒会。作为一个刚开始戒酒的成年人，有陌生人愿意听你分享自己的经历，让你很受触动。在匿名戒酒会中，彼此分享个人经历和问题是很正常的，你甚至会同意谈话过程被录下来。你会被问及“从什么时候开始喝酒的”“喝酒对你的人际关系造成了怎样的影响”之类的问题。主持会谈的人还会让你“描述一下你最近一次喝酒并在事后后悔的经历”。这是相当困难的考验，会唤起你痛苦的回忆，不过你还是诚实地回答了。4 个月以后主持会谈的人才再次跟你联系，他拿出一本日历让你回忆自上次会谈以来喝酒的次数。因为这是匿名的调查，所以你都如实地反馈了自身的情况。

羞耻会让你喝更多的酒

英属哥伦比亚大学的杰西卡·特蕾西（Jessica Tracy）博士和她的研究生丹尼尔·兰德尔（Daniel Randles）共同主持了一项创造性的研

究。[29] 特蕾西博士想知道那些刚开始戒酒而且在讨论酗酒问题时感到羞耻的人，是否会失去自控力，又放纵自己喝酒。如果你想从身体语言中读出羞耻感，那么你需要关注肩膀下沉、胸腔收紧的动作，这个动作就像婴儿蜷曲着身体一样。

研究结果可能会让你大吃一惊：那些在回忆酗酒时没有表现出羞耻感的人，在会谈之后的 4 个月中平均每月喝酒 7.91 次；而在那些表现出羞耻感的人中，羞耻感最强烈的约占 10%，他们平均每月喝酒 117.89 次！这也就是说，那些因为酗酒行为而羞耻的人更加难以摆脱“喝一口”的欲望。

人非圣贤，孰能无过。你可能预订了花想慰问生病的同事，但是又忘了送出去；你可能会抱怨邻居乱扔垃圾，不打理花园，结果却发现对方因为肺炎正长期卧床。虽然从字面意义上来说，愧疚感与幸福感是相悖的，但是从长远角度来看，愧疚感于人于己都有益。研究者罗伊·鲍迈斯特（Roy Baumeiste）曾这样形容愧疚感：“它会让我们感觉很难受，而为了不这么难受，我们会做一些对亲人、朋友和其他人都有利的事情。”正是因为我们对自身行为给他人造成的不良影响感到愧疚，所以我们才会在社交活动中更加重视他人的感受。

另外，羞耻感既不能帮我们解决自身的问题，也不能改变他人的不良行为。这一点尤其需要重视。比如，有些家长出于教育孩子的目的，在家里贴上“我曾在家人共用的电脑上看黄片”的醒目标语；有些法官为了惩罚酒驾司机，要求他们使用特殊的车牌，让每个路过的人都知道他们曾经的过错；还有些老师专门在墙上挂一块板子，写上那些爱欺负同学的小孩的“犯罪记录”。这些策略实际上都起不到让人努力进步、关心他人、培养合作精神的作用。研究结果清楚地表明：**耻辱感越强烈，人们越是会焦虑、孤僻、充满攻击性**。以让人羞耻作为惩罚不当行为的手段，往往会起到与预期相反的效果。

THE UPSIDE OF YOUR DARK SIDE

真正让人改过自新的是愧疚感，而不是羞耻感。正如琼·坦尼（June Tangney）博士所说："我们之所以觉得愧疚，是因为在乎那些曾被我们的行为伤害、冒犯的人。"

就算你做了错事，也并不意味着你就是一个坏人。你要勇于承担责任，为伤害别人的行为真诚悔过，并且把注意力限定在这个行为本身。不要害怕犯错和失败后的沮丧，借助愧疚感，勇于改变自己，让自己更加关心他人，擅于与人相处。

如何避免耻辱感误区

如果你不是一个死板严苛的人，那么可以考虑以下几点关于用愧疚感教育代替羞耻感教育的小建议。

牢记教育的目的。人们在教育犯错者时，常犯的一个错误，就是从批评不当行为直接转到人身攻击。人们很容易武断地，甚至是无意识地将不当行为归结于缺乏道德观念、愚蠢、贪婪等人格缺陷。问题在于，人们一般可以接受关于自己做了错事的批评，但是没人会认为自己就是个坏人。你可以在坚持对方确实做了错事的前提下，仍然认可对方的能力和品格（必须是真实可见的，不能胡编），从而使你的意见更容易被对方接受。

寻找共同点。尽量寻找你和犯错者共有的价值观和追求等相同点，然后指出他们的不当行为违背了自己的价值观，并给出符合其原本观念的选择。还有一个寻找共同点的方法，就是我们之前提到过的"打预防针"，即让对方知道你也不喜欢这种谈话，甚至如果能无视这些不当行为你反而还会更轻松些。就好像批评者的痛苦程度跟被批评者是相当的。如果你希望对方因为批评而确实改过自新，那么你就需要把你作为批评者的痛苦诚恳地告知对方。

尊重自主权，不要试图控制对方。有悖于常识的是，人们其实更愿意接受自己该做什么的建议。想想看，当别人让你顺手扔个垃圾，买点东西，按时交稿时，你其实是很乐意的。但是当别人手把手教你怎么换垃圾袋，怎么讨价还价，怎么遣词造句时，你就会觉得特别不爽。科学家在研究人类行为的动机后发现，在生存之外人类还有一个基本需求，即主导自己的生活。在教育犯错者时，不要告诉他们以后具体该怎么做，而要尊重他们的自主权，让他们自己决定要采取哪些改进措施。只有当犯错者的改进措施是通过与批评者合作，或者是由自己独立提出来的时候，才会有最好的改正效果。

情绪三：焦虑感

关于焦虑感的价值已经有过很多研究了。简单来说，如果你的焦虑感很少，说明你身处的环境很无聊，缺乏刺激因素，这也会让你的大脑进入休眠模式。你的注意力、行为优先度和精力也都会因此转移。你大概也能猜到，企业管理者们都不喜欢这种状态，因为员工们会很容易转向更有刺激性的游戏和闲聊。相反，如果焦虑感过强，则说明环境压力过于强烈，以至让人身心俱疲。只要焦虑的时间不长，你很快就能从不佳状态中恢复。但是长时间、高强度的焦虑却会损害人的身心健康。经常性的焦虑更会让人早衰。[30] 这一点甚至体现在细胞层面上，经常性的焦虑会让保护染色体完整的端粒解体。所以很多职业作家、效率专家和商界领袖都建议人们要保持适当的焦虑感，因为这样既能提供现实动力，又能避免长期压力。[31] 我们也很赞同这种观点。

但是我们不理解的是，为什么研究就到此为止了？在非洲撒哈拉沙漠地区以捕猎和采集为生的原始人之所以能生存繁衍至今，正是因为这种特殊的焦虑机制。这种机制形成于自然选择，在人类漫长的演化过程中不断发展，几乎不费任何功夫，在意识之外就能帮我们解决问题。你大概和我们一样听说过，积极情绪可以增强思维和行动能力，焦虑则会起到相反的效果。这种说法很有误导性，让人只见树木而不见森林。思维和行动被限制在一定范围内并不是一件坏事，想一想当危险临近，焦虑机制触发的时候，你的反应是什么。各种心理机制都有其存在的意义，重要的是，我们要运用好这些头脑里的“预装软件”。

焦虑情绪不可或缺

想象一下以下三种会触发焦虑机制的情形：第一，某人为了提高自己的社会地位当众羞辱你；第二，你追求的人最近表现怪怪的，晚餐约会时不仅迟到，还总出现长时间让人尴尬的沉默；第三，你在跟人聊到财务问题时突然心跳加速，而之前从没有遇到过这种状况。当遇到上述三种以及其他引发焦虑的情形时，你大脑中的生存本能都会被激活，并开始自动考虑三种应对策略：逃跑、战斗或者僵直。这整个过程完全不需要意识的参与。事实上，现在有很多研究表明，这种应激机制会导致过度紧张，毕竟现在早已不是人类与豺狼虎豹为邻，每天都为生存而挣扎的年代了。

不过瑕不掩瑜，这种焦虑机制背后潜藏着我们在危险时刻所需的力量，一旦触发，将全面提升我们的感知能力，包括强化视觉，看到很远的东西；强化听觉，过滤杂音的干扰；此外，还会强化我们解决问题的能力。正如进化心理学家约翰·图比（John Tooby）和莱达·柯斯麦（Leda Cosmides）所说：“那些你平时从没觉得特别的地方，比如走廊里的壁橱、粗壮的树枝，在你寻找可以安全躲藏的地方时，都会突然出现在你的脑海里。”[32]

人们在讨论焦虑时，往往容易忽略它对事业成功、家庭美满、伴侣幸福的好处。关于焦虑，你可能不知道的是：

◎ 在有些情况下，你会希望自己进入高度焦虑的状态；

◎ 每个团队都需要焦虑的人；

◎ 如果没有焦虑，小问题就会变成大麻烦。

我们曾经探讨过错误是走向创新的必经之路，我们会在错误中学习、进步。但是我们也不能高估错误的价值，要尽早发现错误，这样既能从中吸取教训，又能避免严重后果，而这正需要发挥焦虑的作用。

焦虑感就像矿井里的金丝雀或者军队里的哨兵，能够帮助我们迅速发现潜在威胁。焦虑感主要依靠下列 5 种能力发挥作用：

◎ **感知能力**。焦虑的人对周围环境的变化格外敏感，对各种问题隐患的苗头也都明察秋毫，尤其是出现陌生或者难以判断的状况时。

◎ **反应能力**。焦虑的人对于潜在威胁的蛛丝马迹，比如异常的响声、被打乱的节奏，反应都会特别迅速而强烈。

◎ **分享能力**。焦虑的人会及时警告其他人危险临近。他们非常急迫地想要分享自己的发现，只有向他人倾诉、示警才能让他们放心。

◎ **侦察能力**。焦虑的人在向他人示警时如果得不到支持，那么就会转入侦察模式，搜集足够多的证据来说服他人共同抵御即将到来的危险。

◎ **专注能力**。焦虑的人为了解决问题甚至可以废寝忘食。

或许你不想长期焦虑，也不想在家里和工作场所都遇到焦虑的人。但是你应该能看到，焦虑作为一种生物警报器有着巨大的优势。不焦虑的人往往会忽略一些隐患的苗头，甚至会对明显的危险迹象视若无睹，只觉得自己正在想的事情更加重要。

T H E U P S I D E O F Y O U R D A R K S I D E

焦虑让人更专注

曾经有一个特别有趣的实验：有一群研究对象被故意误导，以为他们意外地激活了某种网络病毒，感染了一台电脑上的文件。[33]他们要寻找这台电脑的主人、警告其他人，并且他们在寻求帮助的道路上还会遇到4重阻碍。他们遇到的第一个人想让他们参加一个简单的问卷调查；第二个人倒是愿意告诉他们大楼管理者在哪，但他们得帮忙复印文件作为回报；当他们到了管理者办公室门口时，却发现门上贴着“访客稍候”；终于有人指引他们去找某个电脑专家，结果他们在路上又遇到一个“不小心”将纸散了一地的学生。这4重阻碍都是为了拖慢被试者的行动。要跨越这些阻碍，需要的是强硬和坚定的态度，这对被试者来说并不容易。但是在危急的情况下，被试者中那些焦虑的人能够想办法集中精神、拒绝额外的要求、抛弃热心，绕过这些阻碍。他们比那些不怎么焦虑，甚至悠哉游哉的同伴更加关注危机，急于寻求帮助。

如何控制和运用焦虑感

长期生活在积极情绪中的人很难体会到焦虑的好处。研究者发现，**焦虑的人往往一心一意、坚韧不拔，与外向、社交、支配欲无缘。**[34]在遭遇危险时，焦虑感比积极情绪更有用。当危险的迹象还很模糊、复杂、不确定时，焦虑的人能够迅速发现问题并找到解决方案。这时如果附近还有焦虑者的同伴（朋友、家人或者同事），他们也会因此获益。对于一个团队来说，其成员的性格构成最好复杂一点，至少要有一名容易焦虑的“哨兵”，这样的团队才更容易获得成功。那么怎样才能有效控制和运用焦虑感？

第一，我们应该重视焦虑者作为“哨兵”的侦察作用，而不是把他们的反应视为无益的神经过敏。让其他人都清楚地知道焦虑的内在价值：焦虑能够使快乐、成长以及个体对梦想和抱负的追求最大化。

第二，我们应该广开言路，保证信息通道畅通，并确保居中调度者具有较强的综合能力：反应迅速、表达清晰、社交能力和说服力强，对其他人的特点和能力了如指掌，并能以最快的速度找到问题的解决方案。

第三，我们还应该鼓励那些查找和解决问题、为团队默默付出的人，并给予他们奖励。这也就是说，对于成功阻止恐怖分子把武器带入机场的反恐部队和在即将爆炸的炸弹旁生擒恐怖分子的特工，都要一视同仁地给予表扬。媒体总喜欢树立孤胆英雄的形象，让故事情节更加简单易懂、动人心弦。但是每个团队都应该做好自己的宣传工作，让那些默默无闻的"哨兵"得到应有的荣誉。

第四，不要因为看不见威胁就掉以轻心，要记住"千里之堤溃于蚁穴"，巨大的威胁总是潜藏在一些容易被忽视的细节中。如果重视并坚持隐患排查工作，还能连带产生一些有益的影响：大家在应对冲突和消极情绪时会越来越自如。

小时候，你或许幻想过自己拥有某种超能力。你可能想拥有飞翔的能力，或者是想变得超级强壮、坚不可摧。如果你能利用好每种情绪的益处，不管它是积极的还是消极的，你都将拥有多种超能力：勇气倍增（愤怒）、行动自律（愧疚）、警惕戒备（焦虑）以及我们在下一章中将讲到的谎言识别（悲伤）。随着情绪的变化，你随时都有可用的能力。

最后要说的是，人们对于消极情绪的偏见主要源于错把某些良性情绪跟那些与之类似，但更为极端、容易失控带来麻烦的恶性情绪搞混了。愧疚不等于羞耻，愤怒并不等于暴怒，焦虑也不等于恐慌。在上述情绪对比中，前者都是有益的，会给你带来注意力集中、思维和行动能力提升等一系列好处。

THE UPSIDE OF YOUR DARK SIDE

本章重点总结

❶ 人们回避消极情绪的 4 大原因：

- 消极情绪本身就很糟糕。
- 消极情绪就像流沙，一旦陷进去，就再也出不来了。
- 消极情绪会使人失控，让人产生不该有的想法、做出不该有的行为。
- 消极情绪会带来不好的社交后果。

❷ 3 种可怕情绪的积极力量：

- 可怕情绪 1：愤怒

积极真相：增进乐观性、创造力和表现力；有助于主导谈话和应对变化。

应用指南：①明白在生活中哪些事是可以控制的，哪些是超出控制范围的；

②控制愤怒的节奏，并评估自身的愤怒是处于增长、减弱还是稳定的状态。

- 可怕情绪 2：愧疚感

积极真相：增强道德观念，使人们在社交方面更容易理解、关心他人。

应用指南：清楚愧疚感与耻辱感的区别，避免陷入耻辱感的误区。

- 可怕情绪 3：焦虑感

积极真相：适当的焦虑，可以提升我们的感知能力、反应能力、分享能力、侦查能力和专注能力。

应用指南：①明白焦虑的内在价值，利用焦虑进行隐患排查；

②在团队中安置一名容易焦虑的“哨兵”，发挥其迅速发现问题并找到解决方案的潜力。

THE UPSIDE

积极情绪虽好，也会带来失败与不幸

OF YOUR

WHY BEING YOUR WHOLE SELF--NOT JUST YOUR "GOOD" SELF--DRIVES SUCCESS AND FULFILLMENT

DARK SIDE

如果你仔细观察一个幸福的人，你会看到他建造小船、谱写交响乐、教育孩子、在院子里种花，或者在戈壁沙漠里寻找恐龙蛋。但他绝不会像寻找滚到桌子底下的纽扣一样去追求幸福本身。[1]

——W. 贝伦·沃尔夫（W. Béran Wolfe）

作为心理学家，我们会经常出差。在飞机上给邻座的陌生人介绍自己职业时的用语，会影响到我们之后几个小时的谈话基调。比如，有些时候我们说自己是心理学家，邻座的人就会开始看书，戴上耳机，或者假装睡觉。另一些时候，考虑到我们在心理学方面的研究经验，邻座的人反而会产生倾诉的欲望。他们会花好几个小时讲述自己失败的婚姻，或者跟我们讨论某种大众心理学理论。甚至有时候，连那些假装睡觉的人都会让我们帮忙诠释梦境。在极少数的情况下，我们会冒险透漏自己是研究幸福感的心理学家，这时邻座总会提出一个让我们感到绝望的问题："我要如何才能更幸福？"在世俗观念中，幸福是如此美妙、理想化，值得每一个人去追求，并且永远都不嫌多。但作为专业的研究者，我们知道，幸福的真相与人们想象的相差甚远。

在这里，我们要先花点时间解释一下到底什么是幸福感。普通人在定义幸福时，常常会把幸福感的来源与幸福本身混为一谈。他们会说“幸福就是一家人在一起”“幸福就是有感恩之心”。虽然家庭和感恩都很重要，但它们说明不了幸福是什么，幸福感是什么感觉，以及我们当下是否幸福。如果一定要给幸福一个准确的定义，那么下面有一些共性可能会得到学者、高谈阔论者、读书会成员的一致认可。

首先，从某种层面来说，幸福是一种感觉。不论你是称其为快乐、热情还是满足，它本质上都是一种感觉。因而对每一个人来说，幸福都是主观的。当我们说某个人很幸福时，我们的意思其实是他在生活中积极情绪较多，消极情绪较少。

其次，幸福还反映了一个人对于自己人生的评价。哈德利·坎特里尔（Hadley Cantril）博士是一名研究幸福的先驱，他在 1965 年做过一次研究[2]，让人们想象自己站在一个梯子上。这个梯子从下到上每一级都有一个数字，最低的一级为 0，代表你可能过上的最差的生活；最高的一级为 10，代表最好的生活。你认为自己现在处于哪一级？ 5 年之后又会处在哪一级？第一个问题的答案反映了你对现状的满意度，第二个问题的答案代表了你对未来的乐观程度，这两者都与幸福感息息相关。

幸福只是一种心理状态，我们可以测量、研究，甚至想办法增强幸福感。[3]你几乎每天都在不自觉地这样做。当你发现配偶不太舒服时，你会问：“你怎么了？”你还会问好朋友：“你去意大利旅行的感觉怎么样？”科学家们为了研究幸福，也常让人们以量化评估的形式回答类似的问题。较真的读者可能会问：“这种研究可信吗？”专业的研究者都知道，这种关于自身体验的回答并不可靠，所以他们还会让研究对象的家人和朋友对答案进行评价。有些时候研究者为了保证研究的准确性，还会用到记忆对比、反应时间测量、日记对照的方法，甚至还会用到大脑扫描、唾液皮质醇抽样等生理检测手段。通过综合运用上述全部或部分研究手段，研究者能相对准确地描绘出研究对象的幸福状态。

越来越多的研究表明，幸福不只是让你感觉很好，它确实还有很多好处。而这也在某种程度上导致了现在社会上流行的幸福狂热。例如，心理学家索尼娅·柳博米尔斯基（Sonja Lyubomirsky）和她的同事在统计了 225 份关于幸福感的研究论文后，发现积极情绪会带来各种好处。[4] 乐观向上的人一般具有以下优势：

◎ 行为习惯更健康，比如乘车时会系安全带；

◎ 会挣更多钱；

◎ 婚姻更加幸福；

◎ 在工作中，会得到客户和领导的一致好评；

◎ 更加慷慨；

◎ 晋升机会更多。

最为吸引人的是，有数据表明，幸福会直接影响我们的身体健康，也就是说，快乐会让人更健康。谢尔登·科恩（Sheldon Cohen）和他的同事曾就此观点做过一个很特别的研究。他们召集了一些志愿者，先做了一个关于快乐程度的问卷调查，然后让志愿者们感染了感冒病毒。为了控制这些志愿者的饮食和接触对象，在接下来的几天里，志愿者们都被隔离在一个酒店里。在此期间，研究者会测量他们的体温、血压，甚至检测他们的鼻涕样本。另外，他们还需要填写一些关于头痛、身体僵硬、肢体疼痛等症状的问卷。研究者发现，不论是通过生物样本检测鼻涕黏稠度和免疫蛋白水平，还是通过询问志愿者本人的感觉，快乐的人患感冒的概率都比不那么快乐的人低 50%。这么看来，虽然幸福快乐不能治疗癌症，但是它确实能增强人体免疫系统的功能。

幸福也有坏处吗

关于幸福会带来诸多好处的研究结论越来越难以撼动。有一种流行的理论认为：幸福对于人类来说，就是一种天然的放松状态。快乐的人社交能力更强，更有探索欲和创造力，也更加健康。由此我们甚至可以认为，幸福快乐能提供一种进化优势。于是，幸福被奉为灵丹妙药也就不足为奇了。幸福是如此美妙，以至于我们很难想象它还有不好的一面。

有一个关于日本人和美国人幸福观念差异的研究，提出了关于幸福的异议。京都大学的研究者雪子内田（Yukiko Uchida）让两个国家的原住民分别就幸福的好处和坏处进行评分。[5] 如果她是在美国的幸福俱乐部里提出的这个问题，没准会被扫地出门。在这个研究中，美国人对于幸福的积极面平均给出了 5.4 的高分（总分 7 分），而日本人则给出了相对较低的 5.1 分。更有意思的是，日本人对于幸福的消极面给出了 4.7 分，而美国人则给出了 4.25 分。从统计学角度来看，这是非常显著的差别。看到这里你可能都懵了，幸福怎么会有消极面呢？它不应该是非常好的感觉吗？在这个研究中有两个关于幸福的消极影响是美国人容易忽略的，只有特别敏感的日本人注意到了：一个是社会干扰（一个人的幸福会干扰到另一个人的幸福），另一个是逃避现实（幸福的人有时太天真了）。

THE UPSIDE OF YOUR DARK SIDE

过分得意会带来不好的结果

也许上面的研究只是一种文化怪癖，是日本人对于幸福的偏见，我们还是来看看关于幸福的实证主义研究吧。我们已经知道幸福有很多好处，那么它到底有没有坏处呢？伊利诺伊大学的埃德·迪纳（Ed Diener）和他的同事在 1991 年发表了一篇关于积极情绪的代价的研究论文，这是这个领域最早的研究成果之一。[6] 他们对于美国人独特的幸福观很感兴趣：人们会为了某场体育赛事慷慨激昂；当看到自己的孩子登场表演时会骄傲自豪；当找到新工作时会欢欣鼓舞。研究者想知道的是，这种鼻孔朝天、得意忘形的活法会不会让人一不小心就栽了跟头。

研究者发现，强烈的积极体验确实会带来一些不好的结果。排在首位的就是"对比效应"，一次高度兴奋的体验会使其他让人高兴的事情都黯然失色。比如，你在中了 100 万美元的彩票之后，又通过刮刮乐中了 100 美元，你自然就会觉得后者实在不值一哂。其次就是"延续效应"，放大积极情绪的人也会不自觉地放大消极情绪。比如，为了一场胜利而大肆庆祝的人，也容易因为一场完败而灰心绝望。上述研究发表于 1991 年，是较早的关于幸福的负面影响的重要资料。

4 条被忽视的幸福常识

幸福有时候确实会给我们带来一些危害，只是这一事实常被人忽略。大多数人在提到"积极情绪"时，想到的是一种愉悦而有吸引力的心理状态；在提到"消极情绪"时，想到的是一种不愉快的、毫无益处的，而且招人讨厌的心理状态。毕竟，有谁愿意和坏脾气的人一起吃午饭呢？但是积极情绪并不总是像人们想的那么美好。如果你能意识到"幸福陷阱"的存在，并且利用好消极情绪的力量，那么你在生活中获得成功的概率将会提高 20%。[7] 下列这些从快乐思维的研究结果中提取的"幸福箴言"经常被人忽略，需要我们重视：

1. 从长远角度看，幸福会阻碍人们迈向成功；
2. 人们追求幸福时容易弄巧成拙，反而招致不幸；
3. 人们有时候确实需要消极情绪；
4. 别人的幸福可能会影响到你的表现。

接下来让我们仔细研究一下上述几条经常被人忽视的“幸福箴言”。

幸福常识一：幸福会阻碍人们迈向成功

心理学家大石茂弘和多个国家的协作者一起搜集了30个国家现行词典中关于幸福的定义。[8]他们发现，其中有24个国家的人认为幸福在很大程度上取决于命运、机遇和侥幸。值得注意的是，美国是少数派中的一员。在美国这个奇特的国家里，人们认为幸福是可以主动获得的，是一种可以人为控制的心理状态。事实上，美国人关于幸福的普遍观念反映了他们的人生态度：我们只要做好计划、努力工作，就能健康美丽、婚姻美满、工作顺利、财源滚滚、无忧无虑。这也意味着他们常把幸福和成功混为一谈。因此，“幸福会阻碍人们迈向成功”的箴言，对美国人来说显得格外讽刺。此外，还有越来越多的研究表明，幸福有着一些可以量化的缺陷。

快乐的人缺乏说服力

在深入研究这个问题之前，我们需要先探讨一个基本问题：如何才能说服他人改变想法和行为？使用名牌牙膏刷牙？跟我们用同款安全带？选出民意代表？奉行环保主义？要说服别人按照我们的想法行事，就必须使对方相信我们的想法有很多优点，比他们自己的想法要好。罗伯特·西奥迪尼通过数十年的研究，在他畅销不衰的经典作品《影响力》① 中总结出了一些让人具有说服力的基本原则。

第一个原则是：人们尊重权威，愿意相信专家的意见。这一点从使用医生作为代言人的电视广告就可以看出来。事实上，权威如此具有说服力，以至于广告中的医生都不需要是真的医生。在 20 世纪 80 年代一款关于止咳糖浆的经典广告中，英俊的男主角就曾在肥皂剧中演过医生。他在广告中穿着一件白大褂，向观众自我介绍："我不是医生，但是我曾演过医生。"

第二个原则是：尽量用细致缜密的话语表达你的想法。有趣的是，注意细节是不快乐的人的思维特点。快乐的人则恰好相反，为了宏大的未来，他们会忽略眼前的细节，我们将之称为概括式思维。[9] 从这一原则我们可以推断出，不快乐的人更注重细节，语言更为详尽具体，因而要比语言更加抽象概括的快乐的人更具有说服力。研究结果也证实了这一观点：在论证日常生活议题，比如是否应花费公款修建公园和游乐场，以及论证形而上学的议题，比如是否存在灵魂伴侣时，不快乐的人都更具有说服力。在三项相关研究中，不快乐的人在语言感染力方面的平均得分比快乐的人高 25%，在细节翔实方面则高 20%。[10] 上述数据都建立在被试者的说服对象是朋友的基础上。如果把实验条件换成说服陌生人改变对公共政策的观点，那么不快乐的人的说服力是快乐的人的两倍。

快乐的人容易轻信他人

陌生人之间要建立信任并不是一件容易的事情。毕竟世界上没有类似 X 光机或者计算机辅助翻译软件之类的工具可以帮助我们读懂他人的内心，或

① 《影响力》作为当今社会心理学广为引述的经典著作，被亚马逊推荐为"人生必读 100 本书"之一，从专业角度阐释了顺从他人行为背后的六大基本原则。其中文简体字版已由湛庐文化策划、北京联合出版公司出版。——编者注

者预测其未来的行动。我们只能依赖直觉判断他人的品格和可信度。

THE UPSIDE OF YOUR DARK SIDE

谎言探测器

约瑟夫·福尔加（Joseph Forgas）博士和他带领的澳大利亚研究团队想知道，快乐的人鉴别谎言的能力如何。他们研究了那些具有概括性思维，即更关注要点，而不是细节的人，在需要仔细观察对方面部表情、眼部动作和语言特点的场合表现如何。[11] 研究者先是让一群志愿者依次通过一间暗室，每次只进一人。暗室中有一个装着电影票的信封，参与者可以选择自己拿走电影票或者将其留给后面的人。研究者向他们保证，没有人知道是谁拿走了电影票，而且要求拿走电影票的人也必须否认是自己拿的。更有甚者，研究者还告诉他们，如果有人能成功骗过其他人，那么这人将获得额外的奖励。

在短暂的“偷票”机会过去之后，研究者会询问每一个参与者是否拿走了电影票，并对他们否认此事的叙述过程进行录像。最后，福尔加和他的同事将这些录像按照半真半假的比例混在一起，拿给不知情的人观看。结果发现，在快乐的观众中，仅有 49% 的人识别出了谎言，比随便乱猜的成功率还要低一些。另外，如果观众事先被诱导进入一种不快乐，甚至悲伤的情绪场景，那么他们识别谎言的能力会大大提高，准确率达到了 62%。

你可以想象这一理论应用到现实中会产生多大的影响。想象你在评估求职者信用度时能提高 13% 的准确率；想象你在陷入“罗生门”困境时，能多出 13% 的概率发现真相。这是我们孜孜以求的积极情绪所不能带来的效果，这也是我们在上一章中提到的“超能力”。这种内在的“谎言检测器”正是源于所谓的悲伤情绪。顺便说一下，悲伤和绝望是两码事[12]。

你也许会问，如何才能获得这种超能力呢？是不是应该在工作前让自己进入悲伤的状态？我们当然不希望你把自己代入遭受自然灾害的难民角色中去感受痛苦和悲伤，所以建议，你在关键时刻要正视自己内心自然产生的感觉。比如，当你在心里评估某人的品行，判断其是否可信时，你此刻的心情多半不会太好，而且内心还会烦闷乃至纠结，这种状态会一直持续到你做出判断为止。但是这种糟糕的情绪正是你此刻做出判断所需要的。所以不要为了一时痛快而刻意消除消极情绪。有些时候，你需要牺牲眼前的舒适感，来做出更好的决定，获得更长远的利益。

快乐的人不愿意动脑筋

既然快乐的人总是以粗略、肤浅、概括性的思维去接受并处理外界信息，那么他们是不是比不快乐的人更容易记错细节，且抱有先入为主的成见呢？[13]研究结论已经证实了这一点：在一项实验中，研究者先让参与者看了一组相近主题的词汇，比如卧床、休息、疲倦等总共15个词，稍候再问参与者刚才有没有看到“睡觉”一词（实际上并没有这个词）。结果发现，快乐的人更容易被忽悠，他们会把错误的信息添加到自己的记忆库里。根据统计结果，快乐的人产生错误记忆的概率比不快乐的人要高出50%。

在另一项实验中，一群学生坐在教室里亲眼看见一个紧张的女人走到他们老师跟前，并动手袭击了老师。[14]这是一场精心安排的戏码，目的是研究这些学生的记忆出现错漏的情况。学生们会回答一些关于事件细节的问题，其中有一些是假的，比如：“你记得那个年轻女人挥舞头巾的时候，老师从钱包里拿出了什么东西给她吗？”研究发现，快乐的人比不快乐的人产生虚假记忆的概率要高出25%。快乐的人往往过于心满意足，并不关心周围的环境，甚至对眼前发生的事情视若无睹。你大概不会希望为你服务的警察、消防员、医生和保姆在工作时完全无忧无虑、没心没肺吧。**如果你需要一个安静敏锐的人，那至少要去找一个不那么快乐的人。**

快乐的人不喜欢动脑筋，还体现在他们处于紧张状态时会依靠刻板印象做出判断。比如，在2001年的“9·11”事件之后不久进行的一次实验中，参与者被要求玩一款第一视角的射击游戏，并击毙屏幕上出现的所有携带枪支的目标。[15]随着游戏难度的提高，目标中有一半是裹着头巾的恐怖分子形象，另一半则不是。如果说快乐的人更容易抱有刻板印象，那么在面对典型的恐怖分子形象时，他们是不是更容易扣动扳机呢？研究结果发现，快乐的人射击裹着头巾的人物目标的概率是不快乐的人的3倍。

一般而言，快乐的人总是善良、感恩，以成为模范公民为目标。[16]但在一些特殊情况下，当负面印象被激活时，快乐的人的这些优点就会消失。快乐的人很难摆脱根深蒂固的成见。虽然通过固有印象做出判断确实省时省力，但正如上述实验表明的那样，在关键场合不关注细节会带来毁灭性的后果。

总而言之，这些研究为我们提供了关于幸福的全新视角。虽然幸福的益处很多，但研究者也逐渐发现了一些幸福所不为人知的弱点。**在需要关注细节的场合，快乐的人的表现往往不如不快乐的人。**当你感觉快乐时，总是希望美好的时光永不停止。然而，这种期盼会使你丧失甄别谎言的能力，而且使你容易做出错误的判断。另外，在某些情况下，消极情绪反而能提高我们的表现，比如，在选择朋友或者商业伙伴，需要判断某人的可靠程度时；在警察办案急需了解细节的危急时刻；在需要说服别人改变观点时。多亏了一群不满足于现状，充满探究精神的科学家们，我们才能知道在某些情况下，消极情绪更能帮助我们挖掘潜力、突破自身的局限。

幸福常识二：人们追求幸福时容易弄巧成拙，反而招致不幸

通往幸福的最大阻碍在于，人们往往期望过高。

——伯纳德·丰特奈尔（Bernard le Bovier de Fontenelle）

或许，你曾悉心期盼着根据托尔金的奇幻史诗《霍比特人》改编的电影巨作上映。你在少年时就读过原著，直到现在都还会不时津津乐道这些精灵和矮人的故事。那时，为了迎接电影上映这一伟大时刻，你一直刻意回避着有关信息，只等着享受电影带来的愉悦和惊喜，而且对于将拥有的绝妙观影体验确信无疑。另外，你有一个好朋友也是奇幻迷，她答应在电影首映的那天跟你一起去看电影。但是她一直关注着相关信息，并且知道导演将《霍比特人》分成了三部曲，每年上映一部。她还知道导演打算从原著的附录中摘取一些内容来填补剧情。你觉得到底谁会更享受那部电影呢？是你还是你的朋友？你对电影的衷心期待和她对电影细节的全面了解，到底哪一种会带来更多的快乐呢？根据最新的研究成果，你的朋友会享受更多的乐趣。原因之一就是，她不像你那么期待通过观影获得幸福感。

研究发现，如果你怀着获得幸福的目的而行动，多半不会如意。为了证明这一点，乔纳森·斯库勒（Jonathan Schooler）、丹·艾瑞丽（Dan Ariely）和乔治·勒文施泰因（George Loewenstein）在一次实验中，让参与者在聆听斯特拉文斯基的《春之祭》之前随机获得下列 4 个提示中的一个[17]：

1. 试着让自己在听音乐时尽量保持愉快；

2. 正常去听就好；

3. 在听音乐的同时，记录你的快乐程度及其变化过程；
4. 试着让自己在听音乐时尽量保持愉快，并且记录你的快乐程度及其变化过程。（1 和 3 的组合）

在斯特拉文斯基美妙的小提琴声中，那些正常听音乐的人的快乐程度，是那些想通过音乐获得快乐的人的 5.5 倍。可以说，前者什么都没有做就获得了后者 5.5 倍的幸福感。显然，如果你以音乐作为获得快乐的手段，那么终将事与愿违。更有意思的是，那些一边想通过聆听音乐更加快乐，一边又要记录自己快乐程度的人，他们与正常听音乐的人的幸福感相差 7.5 倍。上述研究结果之所以重要，是因为在传统观念中，人们为了追求幸福，首先会找到让自己快乐的事情，围绕让自己快乐的总目标，先定一些小目标，然后在努力实现这些小目标的过程中，统计自己的付出与收获。在科学研究的帮助下，我们终于明白，一味追求幸福就跟想在浴缸里抓起肥皂一样，你越是用力，肥皂就越是容易从手边溜走。

THE UPSIDE OF YOUR DARK SIDE

抓不住的幸福

关于追求幸福的悖论还有一个很好的例子。研究者艾里斯·莫斯（Iris Mauss）和玛雅·塔米尔（Maya Tamir）在一次实验中，随机给参与实验的两组成年人分别提供一篇伪造的新闻文章。[18] 其中一篇吹嘘最新的科学研究表明，幸福感可以提升人际关系、身体健康和职业成就。另外一篇新闻也提到了同样的好处，但是却把这些好处归功于“准确的判断力”。随后，参与者们会观看一部喜剧。那些被新闻误导而过分重视幸福感的人，看完电影后都很失望。莫斯和塔米尔解释说，这是因为他们对于电影带来的快乐期望过高。

在另外一个实验中，这两位研究者让参与研究的成年人填写一份长期问卷，内容是调查参与者对幸福的重视程度以及生活中的压力大小程度。[19] 在这次研究中，同样的悖论再次出现了：那些最重视幸福的人，在为期两周的时间里，每一天都比前一天感觉更加孤独，更加没有目标、缺少积极情绪，黄体酮水平也更低，情商也下降了。这是有道理的，一心只想追求幸福快乐其实是一种自私的选择，因为这只是为了让自己感觉更好、有更多积极情绪。有这种追求的人容易忽视他人的感受，最终也会影响到人际关系。想象一下，如果在你和情侣、家人或者朋友之间只有一个人能享受到头等舱的豪华座椅和冰激凌，你愿意放弃自己的机会，是因为你对他们的爱让你愿意牺牲自己的幸福。当别人在讲笑话的时候，你听得很认真，是因为你知道搭档或者朋友会在听你复述的时候捧腹大笑。要与人相亲相爱，就必须接纳他人的观念和追求，如果一味只追求自己的幸福，那么就会招致孤独等不幸的产物。

然而，研究结果确切地表明，过分重视幸福的负面影响只会在特定情形下出现。比如，一边听斯特拉文斯基的小提琴一边保持快乐并记录快乐程度，这种压力较小而且看似舒适的场合。这也可以理解，毕竟如果换成一些难听的音乐，比如坊间流行的史上最难听的组合比吉斯乐队（Bee Gees）加上彼得·弗兰普顿（Peter Frampton）的音乐，不管你是否带着让自己快乐的目的去听，结果都相差不大。因为听这种音乐对所有人来说都是一种折磨。回到莫斯和塔米尔的实验中来，如果你最近生活压力很大，那么渴望快乐并不会使你的积极情绪变少，这是因为我们对快乐的期待会随着压力的增大而变化。这也就能够解释，为什么有时候我们想要快乐，最后反而会导致失望。当生活中的压力相对较小，环境较为舒适时，我们会有更多期待，努力让自己获得更多的快乐，在得不到时自然会失望透顶。一切不过时移世易而已。

过度重视幸福除了会阻碍我们从一些本该快乐的场合获得幸福之外，还会造成其他的一些负面影响。一件喜事带来的积极体验会扭曲我们对后续事件的观感。比如，你赢得了月度最佳业绩奖，奖状高高挂起，同事们热情祝贺你，你感到高兴、自豪、成就感爆棚。一场喧闹过后，当你再和妻子一起去看电影时就没有以前那种兴奋感了。这时候，如果你收到一封来自客户的投诉信，全文加粗强调了你让客户失望的地方，那么这也会显得比平时讨厌得多。你会想："这家伙以为他是谁，凭什么破坏我的好心情？"之前的积极情绪一下子便会烟消云散，简直让你怒火中烧。科学家们发现，**高强度的积极情绪虽然感觉很好，但是它也会提高你快乐的基准线，让之后的积极事件都显得没那么美好。**

人们对幸福的过度期待还会在其他方面造成不良影响。[20]我们都知道，社交场合充满了无法预测的变化。你本人可能有礼有节，是一个有趣的谈话者和优秀的倾听者，但是在地铁上跟你聊天的陌生人可能突然一声不吭地就到站下车了。在交流中，我们只能控制自己，无法预知对方的感觉、行为和反应。正如在日新月异的商业领域，历史无法为未来市场提供借鉴和参考对象。这也就是为什么投资新手有时候能胜过股票专家的原因。

与此类似的是，**快乐的人常常会过分依赖以前的积极经历，错以为成功是理所当然的事情**，他们往往会忽略运气和他人的作用，一旦失败就归咎于无法控制的外部因素，推卸自己的责任。虽然这种乐观错觉有助于人们在追求幸福的过程中保持奋斗激情，但是它同时也会导致人们无法从失败中汲取经验，总是抱有过高的期望。

上述这些特征常见于企业家，他们总是积极乐观、充满激情，喜欢过度追求快乐。在这种心理模式下，他们会抱有过于乐观、脱离现实的期望，无可救药地着迷于以下三点：

◎ 自己的想法（不接受别人的意见反馈）；

◎ 自己的能力（不考虑自己的缺点和环境因素的影响）；

◎ 自己的远见（不注意可能导致失败的细节）。

同样的问题并不只是出现在企业家们身上，还有一味沉溺于快乐的学生、情侣、父母、团队领袖们。他们无法摆脱过往成就的影响，产生了未来必然更好的错觉。

幸福常识三：有时候我们确实需要消极情绪

你见过乘客在服务台投诉自己的行李被弄丢的场景吗？旅行时丢失行李就像买到有瑕疵的商品或者不合身的衣服一样，需要我们付出额外的努力来维护自己的权益，而且这个过程往往让人很沮丧。尽管找不到行李是一件很麻烦的事，但很多人还是会选择好声好气地对客服人员笑一笑、眨眨眼，然后说："嘿，我知道行李丢了不是你的错，你只是正好在值班而已。"毕竟咱们都是文明人，需要保持冷静，不伤害别人。正如我们在前文提到的，那些擅长运用消极情绪的人可以有效地表达自己的愤怒，在处理行李丢失等问题时，他们才是真正高效的维权者。他们通过软磨硬泡促使客服人员投入更多的精力，甚至利用职权绕过一些程序，为他们提供帮助。

这并不只是一种理论假设。已经有研究证实，轻微的愤怒有助于提高商品退货成功率。虽然实际情况会随着卖家和交易金额的不同而变化，但是有一点可以肯定：愤怒之所以能起作用，是因为它能使对方感受到你强烈的不满。对方也因此认识到，如果不认真回应你的要求，很可能会导致严重的后果，进而影响自己的工作绩效和精神健康。与此相对的是，那些表示失望却不发火的人，更容易受到冷落。如果表达某些情绪能带来更好的结果，那么我们更应该关注需要实现的目标，而不是情绪本身的好坏。

事实证明，人们对于消极情绪的作用有着敏锐的直觉。有时候为了达到目的，我们会主动表现出不那么积极友善的一面。有一种观点就认为，**愤怒可以提高一个人在冲突中获胜的概率**。[21] 比如，有研究发现，如果让人们在面对蛮横的对手之前，如面对那些无视餐厅禁烟标志而在邻桌抽烟的人时，选择一首歌曲来听，那么选择重金属音乐和摇滚乐的人要比选择流行音乐的人多33%。这说明大家其实都明白，随着音乐“沸腾”起来的情绪比优雅冷静的状态更有利于解决冲突。更重要的是，如果你已经相信愤怒在解决冲突时能起作用，那么使用音乐来增强情绪将发挥更好的效果，会让你在面对专横跋扈的人时更加坚定，获得更有利的结果。

THE UPSIDE OF YOUR DARK SIDE

在某些情况下，我们确实需要一些与幸福相悖的情绪和行为方式。为了过得幸福快乐，我们要与人为善、乐于助人、为别人着想，这听起来好像很不错，但是问题在于，别人并不一定站在我们这边。

如果在工作中有人故意给你使绊子，在开会时你需要找到能给你帮助的盟友，避免你的意见被使绊子的人断章取义，使自己遭受不公正的待遇。这意味着你需要说服别人，同时还要想办法化解对手的攻击。这时，流露悲伤的表情会传递出你遇到困难、需要帮助的信息，而流露快乐的表情则会让别人觉得你一切安好。所以，如果你需要帮助，不要压抑痛苦的情绪，也不要试图让自己快乐起来而表现出幸福的样子。

研究发现，在需要说服他人、避免损失或者失败时，人们一般都能直觉地认识到悲伤情绪的作用。在一次实验中，玛雅·塔米尔（Maya Tamir）和她的同事要求志愿者用两种方案募集捐款，其中包括主动向他人求助。[22] 在两种情况下，志愿者们都相信悲伤的情绪有助于他们获得捐款。为了利用消极情绪取得优势，你需要相信不快乐也是有价值的。如果能更进一步，把握好释放消极情绪的时机的话，你将无往不利。越来越多的研究结果已经清楚地表明：

◎ 在面对蛮横无理的人时，愤怒比快乐更有用；

◎ 在应对潜在威胁时，焦虑比快乐更重要；

◎ 在遇到损失和困难，需要帮助时，悲伤比快乐更有效。

幸福常识四：别人的快乐会影响你的表现

维多利亚·维瑟（Victoria Visser）和她的同事通过两个实验研究了处于领导者地位的人，如首席运营官、医生、老师和家长等快乐与否，对受其监督的其他人的影响。[23] 实验的参与者是将近 300 名商学院的学生，学生们分成两组通过网络视频收看领导者的演讲。这名领导者是一个按照剧本表演的演员，他会指导学生们完成两项单人任务，并鼓励每一个学生尽最大努力去完成任务。这两个任务分别是：数独谜题（需要分析能力）和关于砖头和铅笔有多少种用法的头脑风暴（需要创新能力）。领导者对每一组人的演讲内容都是一样的，只有一点不同：其中一组人会看到他高兴的表情，听到他欢快的语调。而在另一组人面前，领导者会表演出悲伤的样子。

我们之前说过，快乐会促成概括性的思维模式，比如项目经理就是这种思维模式，而不快乐则会带来有目的性的、分析性的思维模式，比如侦探的思维模式。在此基础上，维瑟和她的同事发现，快乐领导者带领的学生在创造型任务中的表现比另一组强 2 倍，而不快乐领导者带领的那一组学生在分析型任务中的表现比快乐组强 4 倍。这是一组令人震惊的数据，学生们的表现竟然取决于领导者的表情。这说明，当且仅当领导者确切地知道在某种情况下，快乐的状态比不快乐的状态更有价值时，他就能通过影响别人的情绪，显著提高下属在某方面的表现，从而实现绩效目标。如果领导者知道促使下属完成每个任务所需要的最佳心理状态，那么他将获得额外的领导优势。这也就是“二八定律”中那关键的 20%。

不过，这种策略并不局限于帮助人们获得更强的创新能力或分析能力。心理学家赛斯·卡普兰（Seth Kaplan）召集了一群人参与一个相当考验忍耐力的实验：模拟空中交通管制员的每日工作[24]。实验参与者必须坐在椅子上，仔细观察一个雷达屏幕，如果发现两架飞机的航线发生冲突就拉响警报。这份工作之所以让人劳累，是因为工作风险很高，而且工作内容很枯燥：在 93% 的时间里，不同的飞机之间都相隔甚远。实验参与者要在长达 15 分钟的时间里一直盯着屏幕上代表飞机的点缓慢移动。与此同时，卡普兰及其同事各自担任一个小组的领导，和“空中交通管制员们”待在一起，并且采用不同的管理策略。其中一组的领导者充当了拉拉队长的角色，通过一些陈词滥调，比如“干得不错”来表扬每个人的工作。而另一组的领导则充满同情，承认这个任务很无聊，同时强调他们要团结一致共渡难关。

实验结果发现，由表示同情的领导带领的团队不但在任务中表现得更好，而且还对这次任务的评价更高。这次实验给我们的启示很简单：**在工作中，我们并不需要刻意营造快乐至上的氛围，因为在某些情况下，快乐并不是最好的选择。我们真正需要的是，可以自由地表现自己最真实情绪的环境。**

盲目追求幸福与快乐会令人更痛苦

人们普遍声称自己在 60% 到 80% 的时间里都很快乐。如果快乐真的有那么多好处，而我们又经常体验到快乐的感觉，那么为什么我们还是不擅长获得快乐？为什么我们搬进了一座大房子，院子里宽阔的草坪足够我们和孩子踢足球，结果我们却因为距离最好朋友的家多了 20 分钟的车程而不高兴？为什么我们明知道课后补习会让家长和孩子都身心疲惫、矛盾不断，却还要坚持在放学后把孩子送去学习表演、补习数学呢？事实上，我们很容易受到一些判断偏差的影响，无法做出让我们获得快乐的正确选择。更糟糕的是，我们往往很难察觉到这些判断偏差的存在。

我们做出的错误选择背后都隐藏着一个心理学现象：**我们在做出选择和承受结果时，一般都处于不同的心理状态**。举例而言，当你饿着肚子进入一家豪华餐厅开始点菜时，服务员说，如果你想吃巧克力蛋奶酥得尽快下单，因为烘焙时间过长。你的肚子发表了意见，你很自然地就点了蛋奶酥。等到晚餐快结束的时候，蛋奶酥终于来了，你却发现自己已经吃饱，没法像之前期待的那样好好享受这道昂贵的甜点了。究其原因，当然是因为你没能预料到自己未来的状态，落入了心理学家所谓的**“计划偏差”**（project bias）中。[25]

正是因为与此类似的诸多偏差，让我们在获取快乐时，总是无法做出正确的判断，而且还会遇到比只吃了一半的蛋奶酥严重得多的后果。**“影响偏差”**（impact bias）就是其中较为常见的一种[26]，它指的是人们容易高估某件事情对自己的影响程度和持续时间。比如，你可能因为在夏威夷度过了一周完美的假期，而想要退休以后搬到那儿去生活。你可能不会这么说，但你想搬去那儿其实是因为你认为那里的气候、生活节奏以及近在咫尺的海洋会让你幸福。有研究表明，人们倾向于高估比赛胜负、竞选成败、事业起伏等外部事件对自身情绪的影响程度与持续时间。如果你选择了去夏威夷养老，短时间内可能幸福感爆棚，但是一两个月之后，当你适应了新的环境时，就会感觉这里跟之前待的地方也没什么区别。

还有一种**“差异偏差”**（distinction bias）。在这一点上，芝加哥大学的研究者奚恺元（Christopher Hsee）总结得非常好[27]。他指出，人们的精神状态不同于情绪状态，它是起伏不定的。为了理解这一点，我们需要花点时间看看奚恺元举的例子，即一个关于购买新电视的误区。

假设你要到商场里选购等离子电视。在电子产品区，成排的梦幻电视让你目眩神迷：这一台屏幕大；那一台保修服务好；还有的自带防炫光功能，而且屏幕亮度都足够让你在灯火通明的屋子里看得清清楚楚。这就好像你梦想中的电视突然出现在了你的眼前，你只需要从中挑出最让你心动的一款。当你选好型号付完钱，把电视搬回家安置在客厅以后，你会发现它确实没有辜负你的期待，看起节目来很舒服。但是另一方面你又觉得怅然若失，因为你再也找不到在购买时的那种兴奋和激动的感觉了。

在这个例子当中，你之所以会产生这种困惑，是因为你在店里挑选电视时和买完以后放在家里使用时，心里的衡量标准完全不同。在商场里，你可能会觉得这台 60 英寸的电视比旁边 58 英寸的就是要大一些，但是买回家以后，这种对比感消失了，所谓的 60 英寸好像也没什么特别的地方。

在追求幸福的过程中，最要命的一种判断偏差是**“渴望与喜爱偏差”**（wanting / liking bias）。[28] 大多数人第一次认识到这种偏差时都很震惊，因为他们这辈子都没意识到这个问题的存在。这种偏差指的是，你所渴望的东西并不一定是你真正喜欢的。比如，你可能想养一只宠物狗，但是其实你并不喜欢家中有狗的生活。神经学研究已经证实了这两种想法的形成，它们来源于不同的心理过程：渴望是一种欲望，它产生于大脑中的某一个区域，而喜爱、享受的感觉则产生于另外一个大脑区域。在这里我们不用深入研究腹侧苍白球、伏隔核等难懂的专业名词。但是请相信我们，这个领域的专家已经证实了，渴望与喜爱分别产生于大脑之中相互联系而又有所区别的不同区域。

当我们渴望某样东西的时候，不管是想要新工作、新玩具还是美味的果酱甜甜圈，都很容易在精神上，甚至在身体上产生欲罢不能的冲动。然而，我们一旦得到了自己想要的东西，沸腾的情绪就会平息下来。也许我们会喜欢自己得到的东西，但是这种喜欢远比不上当初的渴望强烈。也许我们一点也不喜欢新工作带来的“文山会海”、通勤成本和钩心斗角，更不用说在得到这份工作前的忐忑煎熬了。在这方面，我们表现得有点像瘾君子，即我们在生活中总是被强烈的欲望驱使着做出各种选择，而没有意愿或能力去考虑长远的影响。

在追求幸福的过程中，区别渴望与喜爱尤为重要，因为我们常常误以为它们是一样的。如果说我想要什么东西，那么从逻辑上来说，当我得到的时候应该会喜欢它，但这并不是事实。我们容易陷入对某样东西的渴望，比如渴望一次去海岛的旅行、一段禁忌的婚外情、一个区域主管的职位、一块劳力士手表，这些东西在当时看来可能具有无法抗拒的诱惑力，但是真正拥有以后我们却并不喜欢。每个人都很容易混淆这两种感觉，也会在追求幸福的过程中做出一些很糟糕的决定。

上述所有偏差结合在一起，导致我们每年要白白浪费数十亿美元为自己的冲动决定买单，而且还得不到自己期待的幸福感。在心理学中，我们常常会提到“伊卡洛斯悖论”（Icarus complex）。根据希腊神话，伊卡洛斯和父亲被囚禁在克里特岛上。父亲为逃走制作了两副蜡翼，并警告儿子在飞离时要注意不能太靠近太阳。但是伊卡洛斯沉醉在飞翔的快感中，不知不觉离太阳越来越近，最终蜡翼融化，伊卡洛斯堕海而亡。当然，并不是每个人都会遇到伊卡洛斯悖论，但是我们确实很容易将幸福视为绝对真理，进而不懈地上下求索。这种盲目的追求有时反而会导致不好的结果。

请不要误会，我们非常清楚积极情绪、积极想法和幸福感的益处已经得到广泛证实，且无可动摇。事实上，我们也曾为这方面的研究贡献过绵薄之力。但是另一方面，人类还有很大的潜力可以挖掘，因为在某些特定的情况下，轻微的不快乐确实比快乐要好。这里说的情况指的是，那些需要关注细节、需要系统化和分析型思维的事务，包括很多日常活动和工作任务，比如做预算、制订周末计划、公文写作、数据分析等。使用消极情绪的关键在于“适度”，因为长期孤独和情绪失调等比较严重的不幸福感，会影响我们的正常生活，在极端情况下甚至会导致绝望和自杀。贯穿本书始终，我们都不会将心理问题和情绪失调视为某种隐藏的天赋。[29]

THE UPSIDE OF YOUR DARK SIDE

在幸福感和轻微不幸感引导下的不同思维模式之间，并不存在孰优孰劣或者你死我活的竞争关系，它们在不同的环境下各有所长。当我们提到“积极情绪”和“消极情绪”时，其实已经落入了一种思维陷阱。正是这种贴标签式的语言分类，阻碍了我们达到圆满、理想的心理状态。

彼得·德鲁克曾经说过：“别总想着幸福还是不幸福，做好你该做的事就行了。”根据一些科学研究成果，我们也总结了一句类似的箴言：**把快乐的想法和感觉看作温控计，它的功能只是衡量你自身所处的状态**。如果盯着温控计的读数成了你生活的重心，那生活本身就失去了意义，你的行为习惯也会因此受到不好的影响。如果你想变得快乐，不要空想，过好生活即可。

拼命寻求积极体验、回避消极感受，不只是白费功夫，而且还会适得其反。那些对环境敏感的人，能够抓住转瞬即逝的机会，根据需要将情绪和想法向着快乐或者不快乐的模式转变。如果你想获得本章所提到的不快乐状态的好处，那么你需要主动寻找、忍受并珍视自身的消极情绪。用一句话概括就是：你不会希望快乐的人担任空中交通管制员。

本章重点总结

THE UPSIDE OF YOUR DARK SIDE

❶ 4 条幸福常识及背后的道理：

- 幸福常识一：幸福会阻碍人们迈向成功。
  背后的道理：快乐的人缺乏说服力、易轻信他人、不愿意动脑筋。
- 幸福常识二：人们追求幸福时容易弄巧成拙，反而招致不幸。
  背后的道理：①对幸福越重视，就越容易错失获得幸福的机会；
  ②高强度的积极情绪会提高快乐的基准线；
  ③过分依赖以前的积极经历，会错将成功当作理所当然。
- 幸福常识三：有时候我们确实需要消极情绪。
  背后的道理：①愤怒可提高人在冲突中获胜的概率；
  ②焦虑使人更能应对潜在威胁；
  ③悲伤对于人在遇到损失和困难要寻求帮助时很有效。
- 幸福常识四：别人的快乐会影响你的表现。
  背后的道理：快乐至上的氛围不利于人们完成需要细心和分析技能的任务。

❷ 易导致我们做出错误选择的 4 大判断偏差：

- “计划偏差”：无法事先做出正确的判断，以致最后遭受较严重的后果。
- “影响偏差”：高估某件事对自己的影响程度和持续时间。
- “差异偏差”：同时评估两种选择要比分别评估这两种选择更具倾向性。
- “渴望与喜爱偏差”：所渴望的并不一定是自己真正喜欢的。

THE UPSIDE

5 管理情绪必须拥有的观念一：无念

OF YOUR

WHY BEING YOUR WHOLE SELF--NOT
JUST YOUR "GOOD" SELF--DRIVES SUCCESS
AND FULFILLMENT

DARK SIDE

人类与低等动物在思维上的重要区别不在于人类拥有自我意识，而在于人类意识当中还有复杂的心理活动。[1]

——乌尔里克·奈瑟尔（Ulric Neisser）

随便走进一家书店，你准能看到满满的一书架，甚至一整片区域都是宣扬正念思维之利的书。所谓正念，简单来说是一种有意识的观察。它是一种排除内在的想法、判断和其他的干扰，对外部世界进行客观观察的能力。通过运用这种能力，当你看到一条红裙子时，你首先注意到的是它鲜艳的颜色，而不是款式设计是否迷人；当遇到让你失望的事情时，你也不会生出自我否定的情绪。正念现在已风靡全世界。菲尔·杰克逊（Phil Jackson）是NBA历史上带领球队获得最多总冠军的教练，他以喜欢向球员灌输正念思维而闻名。正念冥想和集中意念的训练，在心理治疗、体育锻炼甚至商业领域都得到了广泛应用。正念在当下社会，几乎已被奉为人类最理想的精神状态。

相信正念的人并不只是盲听盲从。越来越多的科学研究成果支持人们以

“温和的心态”观察当下发生的事情，而不去轻易地做出评价。研究表明，在日常生活中常保持正念的人往往感觉更幸福，生活更有意义，情商更高，更擅于自我宽恕，也更能够抵抗长期压力。这么说来，正念简直太棒了。

如果你想要更详细和更有说服力的数据，只需去读一读这个领域顶级的两位研究者的著作。[2] 这两位研究者是马萨诸塞大学医学院的乔恩·卡巴金（Jon Kabat-Zinn）和理查德·戴维森（Richard Davidson）。正是他们的研究推动了正念活动在美国的流行。卡巴金被大家称作“美国正念运动之父”，而戴维森以在正念研究中使用功能性磁共振成像等大脑扫描设备观察大脑活动而闻名。在一项研究中，卡巴金和戴维森为一家生物科技公司的员工举办了为期 8 周的正念培训。他们预先让员工感染一种流感病毒，然后通过培训发现，正念训练显著提高了员工们的身体免疫力。

其实提高免疫力并不算什么，研究者还发现，这些员工的大脑活动在经过仅 20 个学时（每周 2.5 个小时）的正念训练后产生了明显的变化：他们左脑的前额叶皮层活跃程度比之前提高了 4 倍。[3] 你可能会想：“我需要提高这个所谓的前额叶皮层的活跃度吗？”答案是肯定的。这一块大脑区域的活动与我们的积极情绪息息相关，有助于我们将压力视为可以应对的挑战，而不是需要回避的威胁。对于这些上班族来说，他们只需要花费看 4 场球赛和逛 3 次超市的时间就可以有效地改造自己的大脑，获得更大的成功。现在我们可以肯定地说，正念不是很棒，而是超级棒！

无念：超越正念的力量

正念这么有用，我们为什么不能时刻保持正念状态呢？事实上，人类之所以大部分时间都处于无意识状态，自然是有原因的。虽然通过有意识的思考，我们可以仔细观察周遭的变化，但是这种思考模式的信息处理能力是极为有限的。想象一下，我们在马路边与行人擦肩而过的场景，在整个过程中，我们的大脑其实进行了复杂的思考和判断。我们需要计算人们相互之间的距离和速度，考虑彼此肢体的活动范围，从而避免与对方撞个满怀。与此同时，我们还要自如地控制双腿的运动，保证自己不会被路上的障碍物绊倒，也不会被空中的树枝刮到。

在看到某人的脸时，你会迅速判断自己是否见过对方，你还可以从对方的面部表情，推断他们的心情好坏，是否友善，以及有没有兴趣停下来聊聊天。然而对方的面部表情其实无时无刻不在发生着微妙的变化，这也使上述过程变得更加困难，因为你需要不停地重新评估对方的状态。如果你恰好认识对方，那么你还可以激活大脑更高层级的能力。因为你得想起对方的名字、你和对方的关系状况，以及你们上次交流的内容。你还得把握好目光交流的分寸，让它不多不少，以及控制好说话的音量、谈话的内容，并掌握好交流必备的聆听和理解技巧。如果你只能依赖有意识、有深度的思考来行动，你将永远无法完成上述一系列复杂的活动。

我们无法只靠有意识的思考来应对环境中不断向我们袭来的、复杂且汹涌的数据洪流。因为，只要稍有差池，我们就可能信步踏入疾驰的车流，赤手触摸滚烫的炉灶，在孩子面前口吐污言秽语，一溜嘴就讲出商业机密，以及产生其他难以计量的小问题。幸运而且必要的是，大部分心智活动都是以不逊于表层思维的速度在无意识层面完成的。

在本章我们引入了“无念”的概念，来对抗目前被社会奉为身体健康、家庭和睦及事业成功之源的正念。人们通常不怎么喜欢无念，因为它与带有目的、策略等特质的前瞻性思维方式不同，无法体现人类智慧的优越性。长期以来，有识之士都将思考与计划视为通向幸福生活的唯一道路。另一方面，他们也视无念为行尸走肉的代名词。有趣的是，我们恰好可以用“行尸走肉”

来证明无念的好处。

史蒂文·元（Steven Yeun）是备受好评的末日丧尸类美剧《行尸走肉》中格伦的扮演者。他在一次次的丧尸围攻中侥幸逃生，从一开始充满活力的战斗英雄，慢慢变成了身心俱疲的逃难者。你可能会想，元作为演员应该下了很多功夫专注于揣摩他所扮演的角色，想象角色有着怎样的情绪、姿态和习惯。这一点在元扮演的格伦伪装成丧尸的一场好戏中体现得尤为明显。元说，演得逼真的诀窍就在于要像丧尸一样思考，也就是什么都不要想。他特别指出，如果总是想着下一步该迈多大步子，以保证自己走在扮演丧尸的演员的前面，动作就会显得很不自然。为了完成这项任务，他必须放弃深思熟虑、专心致志，也放弃对现实的客观观察（正念），尽量抑制有意识的反应，就好像自己真的是在一群择人欲噬的丧尸中突围一样。他可以依靠的只有生物进化形成的本能，凭直觉判断和行动，再加上作为演员多年的训练功底。元的表演之所以出色，关键在于他可以进入无我的状态，他可以完全放弃有意识的思考，成为另一个人，成为无数影迷每周在电视上看到的那个在末日挣扎求生的角色人物。

科学研究证实，在某些领域，无念可以让我们更高效、更有创造力、更好地处理日常生活中的麻烦与不确定因素。我们将在下文中分三个方面仔细探讨这一点。

无念是指，从一般的心不在焉到完全进入无意识的状态。当然，这样说也不完全准确。我们归纳出了三种可以让人们更加成功和幸福的无念类型：一是运用自动化思维；二是无顾忌行事；三是无意识地做决定。那些心思最为敏捷，事业最为成功的人，可以在正念和无念之间无缝切换，从不墨守成规。通过运用不受重视的无念，他们比固守正念的人要多出 20% 的成功率。

通向成功和幸福的 3 种无念状态

有意识的思维就像在探照灯的指引下稳步前进，而无意识思维却像是在黑暗的角落和缝隙里探险。[4]

——艾普·迪克特赫斯和特恩·穆尔①

运用自动化思维

为了节省大脑的运算空间，人们习惯于运用自动化思维，无意识地处理信息，这也是一种认知捷径。我们在给事务进行分类时常用到自动化思维。比如，当你去邮局寄信的时候，你不会去问工作人员会不会说当地语言，因为你已经默认他应该掌握一系列职业技能，会说当地语言，能读会写，熟悉邮票价格、支付渠道等。自动化思维可以帮我们节省很多时间和精力，避免在意识层面承担不必要的负担。

研究表明，人们能在无意识状态下迅速对别人的特质做出判断。[5] 在一个关于第一印象的研究中，参与者仅需 0.1 秒就能判断出目标对象的性格特点。只需要短暂的瞬间，人们就能判断对方是否值得信任，对方情绪的稳定程度，以及对方是否具备友善、乐观、粗心或乐于接受新事物等人格特质。当你花了大量时间阅读完上述文字后，你就能理解这项无意识的人格分析能力有多么强大了。也许你会怀疑这种一念之间的判断是否准确。然而，很多研究结果都证实，这种“瞬间定格”式的观察判断比瞎猜要准得多，它大约有七成的准确率。[6] 几乎不费任何功夫就能得到这样准确的结果，实在是太值了！

① 艾普·迪克特赫斯（Ap Dijksterhuis）和特恩·穆尔（Teun Meurs）都是研究心理学的专家。——编者注

简单社交场合的无意识判断力

自动无意识反应的重要价值在于判断一个陌生人的可信度。这对于讲究高效的社交场合和商业交流来说十分重要，它在个人安全领域的重要性就更不用说了。如果判断错误，你可能会被欺骗、被伤害，或者至少会浪费大量时间。你本可以用这些时间去结识他人，建立起良好而有意义的关系。很多科学家认为，我们一般会基于别人对我们所发出暗示的反应来判断对方是否可信。如果对方模仿我们的行为，那么就说明他们关心我们的需求、价值感和幸福感。

来自荷兰奈梅亨大学的里克·巴伦（Rick van Baaran）和他的同事们发现，餐厅服务员如果很专注地复述客人的订单，往往会多得到 68% 的小费。[7] 我们相信，顾客这么做是完全无意识的，他们不会因为服务员大声重复了自己加水的要求，就去计算应该多给多少小费，因为这种简单的复述行为是对无意识的一种暗示，会让顾客觉得服务员专心致志，并值得信赖。

尴尬的社交场合让人很痛苦，尤其是当对话双方都不在一个频道上时。比如你微笑着靠近对方，想要讲个故事，结果对方却面无表情，甚至拒绝你靠近。如果交流双方没有协调一致的行为，或者没有在某种程度上相互模仿，那么这个交流的过程就会显得很尴尬。长期以来的研究证实，人们更喜欢那些模仿自己的情绪及动作的人。只要对方不是出于取笑自己的目的，而是在无意识地模仿我们的动作、情绪，甚至说话方式，我们就会更喜欢他们。不过另一方面，在利益发生冲突的场合，这种模仿就不太合适了，比如，在你为了买家庭轿车和汽车经销商砍价的时候。

THE UPSIDE OF YOUR DARK SIDE

那些让你越来越冷的人

来自荷兰格罗宁根大学、美国杜克大学和美国耶鲁大学的心理学家们曾经研究过人们对于“社交场合的负面暗示”的反应。[8]在一项研究中，当参与者收到工作中那种非常正式而僵硬的问候时，他们会在身体上体会到“冷冰冰”的感觉。而且这种冷冰冰的感觉在对方模仿自己的时候会增强2.5倍。那么当参与者收到友好而快乐的问候时，又会有怎样的感觉呢？研究表明，如果这位本来很友善的问候者并没有在接下来的交流中模仿参与者，那么参与者就会觉得问候者冷冰冰的程度是之前的两倍。就好像参与者的身体知道自己受到了冷落似的。

根据上述研究结论，你可以想象以下的实验场景：研究者找来了不同肤色、不同种族的人，要求他们在相互交流之后猜测房间里的温度。研究发现，相同种族的人在交流中，如果缺少相互模仿的行为，那么参与者猜测的体感温度会比有模仿行为的人低2.04℃。如果交流双方分属不同的种族，那么模仿行为反而会导致参与者猜测的体感温度降低2.47℃。与此类似的众多实验证实，我们每个人都对社交场合的不协调感有着非常敏锐的直觉。模仿行为是一种典型的释放亲密感的信号，因此，在交流对象并不期待亲密感的情况下，模仿行为反而会引起猜疑。你可以把这种心理层面的冰冷感看作意识之外的微弱信号，它提醒我们，坐在对面的人并不值得花时间去交流。

这种无意识的自我保护机制其实是我们在几千年的进化中形成的。蓬图斯·利安德（Pontus Leander）是这项研究的第一作者，他曾就该研究结果的实用价值做过如下论述：

也许我们不该急于和大家打成一片，因为有时候故意拉近距离会适得其反。这些研究证实，有些自发的行为是不可取的。我在美国南方长大，我们那里的人常说："一切顺其自然，不必自找麻烦。"这句话对于模仿行为来说，可能再正确不过了。

我们推荐在交流过程中遵从以下思维顺序：首先，在遇到陌生人或者探讨热点话题的社交场合，先进入近乎无意识的自动化反应模式；其次，有意识地关注自己体感温度的变化；最后，反思自身的威胁探测器是否过于敏感了。没错，我们指的就是在与他人的交流中要先引入无念，再进入正念，运用两者优势互补的思维模式。我们认为无念和正念并不是水火不容的，相反，它们其实可以用特定的顺序串联起来，合作无间。

哪怕是我们两位作者本人，合作写本书之前也从未考虑过上述思维顺序的第一步：运用自动化思维。合作写这本书之前，我们在和新客户谈生意或者在酒店大厅里跟陌生人说话时，从没有把体感温度纳入考虑范围内。之后就不一样了，我们会运用无念带来的好处，我们会关注在与别人相处时自己的体感温度是否有所降低，而不是考量对方的外貌、智慧、好奇心和可爱程度。当我们打寒战或者突然想加件衣服时，不会脱口而出"见鬼！这里真冷"，而是会默默地记下来。我们甚至会因此变得有点儿多疑，总是在寻找之前意识不到的、受到威胁或者操纵的信号。这些之前被忽略、现在被发掘出来的一点额外的信息，也许正是我们在招募雇员或者在异国打车时做出正确选择的关键因素。

无意识的情绪管理

有趣的是，**自动化反应模式也可以运用到情绪管理方面**。健康的情绪管理，即努力改变自身对外部世界的反应类型、反应强度和反应方式，与健康的生活息息相关。例如，有研究证实，抑郁、攻击性行为、不贞行为等个人问题，以及发挥失常、盗窃、骚扰他人等行为，都与这些人不能有效管理情绪有关。尤其值得重视的是，有一些情绪确实很难管理，比如强烈的愤怒、恐惧、悲伤和窘迫感。我们应该好好思考一下，是否有意识的情绪管理已经占用了我们过多的精力，反而不能在情绪激昂的场合让它们及时发挥作用。

所谓情绪激昂的场合，指的是我们感受到了强烈的情绪，并迫使自己迅速采取行动的情境。[9] 比如，当你的女儿正在洗手间外排队时，你看到一个陌生男人走到她跟前，对她耳语，还抚摸她裸露的手臂。想象一下，你能否在受到感觉驱使之前，无意识地、自发地管理好自己的情绪，避免采取冲动的、不假思索的行动呢？在这个例子中，行动可能就是抓住叉子猛冲过去，一把扎在那个男人的手上，结果却发现，他是你女儿的新男友。如果我们可以通过训练自己的头脑，在行动之前就有效地处理好情绪，那么这又会有怎样的益处呢？

美国加州大学伯克利分校的艾里斯·莫斯（Iris Mauss）和斯坦福大学的詹姆斯·格罗斯（James Gross）在两次实验中，要求实验对象整理一些词语。[10] 其中一组包含“控制”“抑制”“冷静”等与情绪管理有关的词汇，另一组是“释放”“沸腾”“爆炸”等与情绪爆发相关的词汇。研究者想知道的是，参与者在无意中接触到的词汇，是否会影响他们的情绪管理能力。为此，研究者请来了专业的演员故意激怒实验对象。这位演员要求实验对象迅速数出一篇模糊不清的文章里的字母数量，而且用非常恼火和不耐烦的语气批评他们数得不对。结果那些接触情绪爆发类词汇的参与者的愤怒程度要比接触情绪管理类词汇的人高 42.2%。另一项研究表明，无意中接触到情绪管理类词汇的参与者，在遇到假装粗暴无礼的演员时心率和血压都要比另一组低。

那么这项研究的价值是什么呢？[11] 第一，忍受别人的坏脾气和应对自己的心理压力等复杂的任务，其实不用依靠有意控制或者深思熟虑就可以完成。第二，这种无意识的情绪管理能力不需要投入精力，就能帮助人们减轻压力和心理伤害。第三，我们可以通过一些简单的暗示，显著提高自身在复杂情境中的反应能力。[12] 这也说明，这个强大的无意识控制系统一直都在运行中，而我们可以通过学习如何影响它，来获得更好的效果。

无意识的创新能力

“创新”一直是商业和教育领域的热门话题，因为创新思维的成果有目共睹，它实实在在地影响着现实生活。创新能力现在已经成了企业的核心竞争力，而掌控着特斯拉公司（Tesla）和太空探索技术公司（Space X）的天才埃隆·马斯克（Elon Musk）就是创新能力的代表人物之一。其实各种企业，尤其是所谓的成熟企业，都会在产品和管理创新上投入大量资金，甚至专门培训员工的创新能力。这些培训课程的核心往往是如何即兴创造、应对风险和承受失败。对此，我们并无异议。

另外，许多创新培训项目的核心课程都认为，人类可以有意识地发挥创造力，而且越是专注，就越容易获得灵感。这种崇尚正念的想法之所以吸引人，是因为从苦思冥想到豁然开朗，有一个清晰的努力方向。与此类似的是，人们普遍认为，美好的生活不可能也不应该是轻松的。这种想法虽然看上去清晰、正确，但是却具有误导性。有些研究者在想尽办法论证思维散漫的危害性，他们甚至认为孩子们在听老师讲课时神游物外，是一种认知障碍的表现。心理学家斯科特·考夫曼（Scott Barry Kaufman）在一篇关于思维涣散的积极面的文章中，针对那些认为精神不集中和思维散漫有害的研究观点提出了反对意见[13]：

> 那种观点之所以看上去有道理，是因为它站在第三者的立场上，以

工作效率、准确性、阅读流畅性、理解程度和持续关注度等外部强加的标准去评价注意力不集中的问题。

但是，如果从当事人的角度出发，则会产生另一种不同的观点：有意无意地神游其实有助于实现个人的目标和需求。如果我们能在精神漫游时获得一个关键灵感，回想起一段美好的记忆，或者从一团乱麻中理清思绪，那么就算我们的注意力从需要阅读的文章上越飘越远了，又有什么关系呢？

如果你在讲故事时中途暂停，通过回忆来补充当初的细节，让故事更加曲折生动，又有何不可呢？如果你在开车时突然顿悟到老板之前发火的原因，是因为自己在会议上的不当发言，纵使一不留神错过了匝道出口，也无关紧要；如果你在商店买完东西准备回家，因为考虑到升职加薪、辞职跳槽、回校深造等问题，忘了本来要买的鸡蛋，这也算不上多大的烦恼。

当我们将自己代入当事人的角色，就不难理解为什么人们喜欢神游物外，并且愿意把一半以上的清醒时间都投入其中了。[14]

无独有偶，知名作家托马斯·品钦（Thomas Pynchon）也在一篇论述懒惰的文章中提到过类似的观点：

阿奎那所说的“心神不定”，指的是精神“莫名地被各种东西吸引”，或者说“当它与想象力结合时……它被称作好奇心”。很多作家正是在精神漫游时获得了灵感、提高了工作效率，甚至达到了最佳的工作状态。有时他们还能探索无意识，解决困扰已久的问题。[15]

假如我们失去了这种神游的能力，注意力再也无法从眼前的任务中转移，那么生活会更好吗？如果我们能控制精神漫游的方向，会过得更幸福、更成功吗？**无意识的精神漫游，对于自我意识、思考和决策来说都是必不可少的一部分。**可以说，正如我们的身体需要充足的睡眠、锻炼和维生素 D 一样，我们的大脑也同样需要自由、散漫的精神活动，以发现、获取和整理各种信息。

话虽如此，你也不必着急开始专门的神游训练，你可以先从简单的转变观念做起，将漫无目的、心不在焉的状态视为创意的源泉。毕竟，很多诺贝尔奖获得者和杰出的艺术家都曾提到自己是在无意间获得了灵感。[16] 你大概也经历过“灵机一动”的时刻吧，比如顿悟到某个问题的解决办法或者突然有了新的人生感悟。所以说，不受约束的思维和涣散的注意力也有创造性的一面。而且也有研究证实：创意总会悄悄地出现。

大卫·格林伯格（David Greenberg）在《总统涂鸦》（*Presidential Doodles*）一书中提到，根据历史档案记载，美国历任 44 位总统中有 26 位曾在处理公务时，因为心不在焉而信手涂鸦。不过，我们倒不必为此批评总统，因为科学家们发现，涂鸦行为反而会让人们对涂鸦期间发生的事情更加印象深刻，他们记住的东西也比不涂鸦的人多出近 25%。[17] 这似乎有些讽刺，看上去心不在焉的行为反而能让人更加专注。因为涂鸦只是无意识的活动，它能让人在保持注意力的同时，避免为无聊的讲话浪费精力。然而，学校老师、家长和管理者通常将学生或员工的涂鸦行为视为缺乏尊重的表现，并加以批评。

如果老师和管理者可以放弃成见，鼓励学生和员工通过无意识的活动来保持专注力又会怎样呢？其实，学校和公司在学习和工作时间播放柔和的背景音乐就是一个现成的例子。研究表明，柔和的背景音乐有利于人们长时间保持精神专注和心平气和的状态。[18]

另一个例子是，航空公司允许飞行员在工作时间打盹。假如你要坐飞机从华盛顿特区到澳大利亚悉尼进行长途旅行，你可能会安慰自己说，一路上有舒服的枕头、有趣的电影、方便的冲水马桶和专注的空中乘务员。[19] 还好没有人告诉你，当飞机在海面上自动行驶时，飞行员可以在驾驶舱内睡上 25 分钟。不过你先别慌，美国国家航空航天局的研究人员发现，飞行员在小睡片刻后的反应速度会提高 20%，而且其操作失误的概率也会下降 34%。这种适度让意识进入休眠状态的策略，对于恢复精力的作用实在不容小觑。不到 25 分钟的休息时间就能提升员工 34% 的工作表现，这种好事还能上哪儿找去？

如果你想了解更多有关无意识状态的好处，可以看看安德烈·梅德韦杰夫（Andrei Medvedev）博士的研究成果。[20] 安德烈是乔治城大学功能和分子成像中心的一名教授。2012 年，他和研究团队对成年人午睡时的大脑活动进行了观测。研究人员发现，人在午睡时大脑右半球与大脑左半球之间有频繁的交流活动。安德烈推测，和创造性思维相关的大脑右半脑在人体休息时会承担重要的整理工作，比如把最新获得的信息和经验储存为长期记忆。

这就像当你不操作电脑时，它会自动进行维护和整理工作一样，比如自动保存打开的文档、删除不需要的信息等，直到被外界操作打断为止。当我们睡着时，没有了意识的主宰，脑海中不着边际的想法就会相互交织，并与旧有的记忆发生碰撞，诞生出各种奇特而新颖的组合。然而可惜的是，这些新组合通常只是一些不切实际的想法，并不能带来创新和突破。虽然无法期待美妙的灵感如泉涌般绵绵不绝，但是我们仍要重视这种思维模式，因为它总能在不经意间给我们带来惊喜。

有趣的创意往往来源于无意识状态下的奇思妙想。有研究者曾对英国的 104 名企业公关专家开展调查，询问他们最有创意的想法是如何诞生的。[21] 研究发现，办公室通常不是创意的诞生之所，上班的路上才是灵感最多的时候，洗澡的时刻则居于次位。我们将这些场合戏称为“偶然创意中心”。除此之外，“偶然创意中心”还有修剪草坪的时刻、清洗碗碟的时刻、外出长跑的时刻以及去公园遛狗的时刻等。如果你想要获得创意，那就必须利用好这些时刻。

值得注意的是：无意识的活动并不能满足所有的灵感需求。否则，岂不是人人都可以凭借洗碗时的一点奇思妙想，成为艺术家或者作家？不过，无意识的活动确实是最适合灵感诞生的沃土。

THE UPSIDE OF YOUR DARK SIDE

研究发现，最有创造力的人和最想提升创造力的人，在寻求灵感时都会凭直觉进入无意识状态。[22] 特别是他们会在清醒时仔细回忆自己的梦境，从中筛选出适合、实用的材料。

为了满足创造需求，我们要有计划地将时间分配给无意识的活动，从而收获计划之外的惊喜。最好随身带笔记本，准备好在任何时间、地点记录灵感的火花。

无顾忌行事

如果你喜欢某个说话有趣、直言不讳的人，你可能会说他天真率直；如果你不喜欢他，那么你可能会觉得他只是冲动鲁莽。我们对于心血来潮的行为有着模糊而又矛盾的评价标准，有时觉得这么做有趣，有时又觉得这么做很蠢。人们容易忽略冲动行为带来的好结果，这也是冲动行为广受批评的原因之一。

你可以想象以下场景：冬季暴雪即将来临，你没有陪三个还在读小学的孩子在家玩耍，而是随手点开了周末特价航班的网页，预定了全家人飞往阿鲁巴岛的机票，准备去气候宜人的地方度假；你在商品折扣区挑中了一本看上去很有趣的硬皮书，于是索性泡在一家新开的咖啡店里读书；一段无法抗拒的亲密关系；一次与陌生人的促膝长谈。这些冲动而没有计划的行为虽然危险，但却能给你带来十足的快乐和成就感。恰恰是因为这些行为缺乏事先的准备，结果又充满了不确定性，因此反而会给人带来一种焦虑与好奇混合的感觉，让人感受到久违的活力与自我。不再需要虚伪的借口，也不必在每一步行动前担心自身的形象。

再想象自己正对着一系列具有争议性的话题，例如，违禁药品是否可以合法化；能否减少全职消防员和警察的数量以降低政府预算；亲人去世后遗产如何分配问题等。这些话题之所以充满争议性，是因为它们直接影响到讨论者的切身利益。在需要保证政治正确的现代工作场合，个体差异无疑是最敏感的话题之一。现代化和工业化的西方国家一向能公平地对待由肤色、性别、性取向、宗教信仰、民族或者社会经济地位不同引起的差异，并且重视人的多元价值。

来自英国的尼基·格雷西亚（Nicky Gracea）是一名商业顾问，她对于个体差异性有着多年的研究。格雷西亚每次在应邀到一家机构开展工作前，都要先把工人们聚集起来开一个会，用几个小时的时间强调个体差异的重要价值。但是结果却总是让她失望，格雷西亚表示："一旦你指出每个人的独特之处，他们就很可能会被别人贴上'女人''印度裔''同性恋'之类的标签。"

在生活中，有许多人为了证明自己不带任何歧视，一举一动都如履薄冰，在讨论个体可能存在的差异时，也是字斟句酌地确保不会引发矛盾。这样耗费精力、思前想后的行为，显然增加了交流的成本。比如，一个白人男性在和一个黑人女性谈话时，为了保证交流气氛融洽顺畅，白人男性总是得小心翼翼地避免冒犯对方。其实双方都不喜欢这种交流模式，因为在这种情况下，真正重要的事情反而很难说出口。虽然双方都没有恶意，但是交流过程却往往不尽如人意。[23]

那么，我们要如何才能让谈话对象把精力全放在交流重点上，没有余力去考虑怎么保持一团和气或者考虑怎么保留自己真实的想法呢？[24]其实很简单，只要让他先跑上 5 公里或者做完《纽约时报》上的填字游戏就行。科学家们曾做过一项研究，要求实验参与者先完成一项非常耗费体力或精力的任务，然后再和不同民族的人聊一些比较敏感的话题。结果这些筋疲力尽的参与者抛弃了固有成见的束缚，他们在讨论个体差异时也不再拘谨。参与者事后对交流成果的认可度上升了 25.4%，而且其他旁观交流过程的黑人也认为，交流双方的偏见相比之前更少了。这项研究还发现，那些疲惫不堪、无所顾忌的参与者，对于坦率地讨论个体差异和处理敏感话题的意愿提高了 72.6%。

还有一些看似毫不相关的研究也支持上述直率不羁的行为准则，比如，关于老年人认知能力下降预示着患大脑退化性疾病的研究[25]。有研究者在一次实验中，将成年参与者分为两组，一组为平均年龄 19 岁的年轻人，另一组为平均年龄 63 岁的老年人。研究者告知这些人，实验的目的是为烦恼的青少年提供咨询意见。所有人都相信他们参与的是一项由社区发起的公益活动，研究者通过采访他们这些经历过青春期的人（非专业治疗师），来给少男和少女们提供意见。实验参与者需要从一堆档案中抽出一份并提出意见，但其实所有的档案内容都是一样的。他们会看到一张过度肥胖的少女的照片，档案内容说明她经常失眠、在学校受欺负、交不到朋友、不想上学等。

在参与者提出的建议中，老年组的发言直击要害，他们指出女孩的问题在于体形肥胖、形象不佳。他们还分享了自己年轻时有过哪些苦恼和挣扎，怎样克服了困难，以及如何从失败中吸取教训。年轻组的发言则非常稳妥，有 70% 的人甚至根本没提到女孩过胖的问题。更有趣的是，老年组中认知能力最差的人（通过综合神经心理检测得知）反而最开放，他们提供的建议最多，并且其中有 80% 的人都提到了体重问题。

随后，研究者邀请了两名治疗肥胖症的专家观看采访录像，并对参与者们提出的建议给予评判。经过比较，认知能力较差的老年人所提意见的价值，反而高出年轻人和认知能力较好的老年人所提意见的价值。认知能力较差的老年人说话毫无忌讳，由于他们直击女孩过于肥胖这一要害问题，所以他们的建议反而显得更加亲切、更有感染力，因此也能真正起到帮助对方的作用。琼·博内弗朗（Jean François Bonnefron）和他的同事在论文《礼貌误区背后的风险》（*The risk of polite misunderstandings*）中总结道：

> 礼貌行为耗费精力，而且容易让人产生误解。
>
> 虽然这种误解在一般情况下无碍于沟通，但是在飞机失事求援、病危患者急救等紧急情况下，却可能诱发无法挽回的恶果。[26]

为人父母、老师、领导者的首要职责就是教育和指导他人。如果他们在交流沟通时缺少处理敏感问题的魄力，则往往会导致项目失败、感情破裂，白白损失时间和金钱。如果你害怕谈论敏感问题，那么可以试着在感到疲惫的时候去处理。疲惫时你对自身的约束能力会下降，更能够直面问题的要害，从而表达真实的想法。

无意识地做决定

现在我们要给你一项挑战：在 8 小时内保持精神高度集中，做任何决定都毫不犹豫。你不能在开车时随意变道；不能第一次见面就邀请别人吃午饭；不能想到什么事就不假思索地说出口；不能在回复邮件的时候潦草应付；当然更不能迅速评论朋友圈的最新动态。我们敢打赌，你肯定撑不到 8 个小时，最多也就只能坚持 1 个小时。如果你是在逛商场或者看电视，那最多只能撑 2 分钟。

人们往往为了做一个决定而殚精竭虑。明明睡一觉就能决定的事情，还要大费周章地去分析成本效益、咨询专家意见、制订计划和步骤。与之相比，基于直觉的判断仿佛具有划时代的优越性。作为意识背后的幽灵，即无意识，可以在意识无暇他顾时帮我们完成繁重的判断工作。根据大脑的运转规律，如果有太多数据需要分析，我们的意识就需要全负荷运转，一步步地消化整合所有数据，检索相关知识，对比不同的选择，直到找出最佳方案。无意识判断则不受限制，所有的决策过程都会在意识之外完成。这就代表了一项违背常识的经验规律：**只要有意识地收集相关信息，不用逐步分析处理，无意识即可完成复杂的决策。**[27]

T H E U P S I D E O F Y O U R D A R K S I D E

赌球中的无意识决策

这条经验规律在艾普·迪克特赫斯（Ap Dijksterhuis）的研究中体现得尤为明显。[28] 这位荷兰心理学家长期研究人类无意识的判断能力，曾经为此设计过一个有趣的实验：他找来了两组人同时猜测足球比赛的胜负，一组是热衷于各类足球赛事的球迷，另外一组则是对球赛不感兴趣、只会把报纸上的体育板块剪碎了当猫砂用的“菜鸟”。[29] 迪克特赫斯会事先让这两组人快速了解一些职业球队在进球、助攻、传球、拦截等方面的内部数据，然后观察他们如何使用这些信息。

如果有充足的时间考量这些影响球队发挥的数据，那么球迷组的预测往往比“菜鸟”组更准。这倒也在情理之中，因为球迷组在日常生活中常常接触这类数据。但是在迪克特赫斯改动了预测规则之后，出现了令人意外的结果。迪克特赫斯只给两组人两分钟的时间分析球队数据，然后就要求他们去解一些复杂耗时的代数方程问题。在解题过程中，迪克特赫斯会打断他们，让他们迅速判断下一场比赛的胜负。在这种情况下，“菜鸟”组的表现反而胜过了球迷组！这是因为“菜鸟”们缺乏相关知识，只能依靠那些引起他们注意的数据，比如阴雨天气下的传球准确率等容易被球迷们忽视的资料。“菜鸟”们往往能凭直觉抓住眼前那些被无意识划为重点的特殊因素。球迷们反而会因为他们丰富的知识储备、相对固化的思维模式，很难快速消化新的信息，注意不到真正具有决定性的细节。

这项研究的成果并不局限于体育比赛领域，直觉判断在伤者选择合适的医生、肥胖者研究可行的减肥计划，或者医生为重症患者诊断病情时同样有效。有一个关于心理学专家如何判断患者是否有某种心理障碍的类似研究：一种情况下，专家在看完患者的档案材料后，有 4 分钟时间进行分析，最后得出结论；另外一种情况下，专家在看完档案以后需要做 4 分钟的单词搜索游戏，因此只能在无意识中消化所获得的信息。[30] 研究结果发现，当心理专家们有更多时间思考时，反而容易得出错误的结论；而在无意识状态下的判断准确率却是有意识状态下的 5 倍。[31]

由此我们可以看出，无意识思考有着明显的优势，尤其是在需要分析、整合、运用大量信息的时候。不过，有意识思考也自有其长处。比如，你喜欢在工作的时候能透过窗户看到绿色的植被，那么当你有机会搬到宽敞的办公室、坐上舒服的人体工程学椅子而没有朝外的窗户时，你就需要有意识地提醒自己这一点。否则你很有可能先是陷入活动空间大增的兴奋中，然后发现自己在没有窗外景色的环境里工作时热情骤减。那么对你来说，这两种思维模式的最佳平衡点在哪里呢？

我们就拿租房子来说吧，这是一个很复杂的决策过程。如果有一间待租的公寓能够满足我们的所有需求该多好：低廉的租金、宽敞的卧室、舒服的浴缸、够用的衣柜、室外的阳台，而且周边治安良好，有美食、公园和商场，甚至还可以养宠物。但是在现实生活中，租房子却是一门关于妥协的学问。你可能选了有步入式衣柜的房子，但是周边没有公园，也可能为了高端厨房而放弃双槽洗脸池。大多数人都会为了找到最理想的选择而反复权衡。

2011 年的时候，迪克特赫斯和他的同事开展了一项实验，要求参与者从 12 个备选公寓中挑选出最理想的租住地。[32] 然而就像现实生活一样，没有绝对完美的选择。在这个实验中，最好的房子有 8 个优点、4 个缺点，最差的则有 8 个缺点、4 个优点。如果实验参与者在拿到所有房子的信息后必须立即做出选择，那么他们找到最佳居所的概率约为 15%；如果他们有 4 分钟的时间可以仔细对比研究，那么选对房子的概率则会上升至 29%。这说明，深思熟虑的选择确实比一时兴起的决定更靠谱，但是两种方式好像都不是特别有效。

有趣的是第三种情况，即参与者在拿到信息后，先要完成一个与实验毫不相关的填字游戏，再做出决定。这种情况下，参与者的表现也很出色，会有 30% 的概率找出最佳选项。更有意思的是最后一种情况，参与者要先花 2 分钟深入分析所获取的信息，再用 2 分钟完成一个毫不相干的复杂填字游戏，然后迅速做出选择。当参与者有一半的时间可以深入思考，另一半时间则在无意识中完成判断时，他们挑到最好房子的概率达到了惊人的 58%。也就是说，虽然他们用来分析对比各项数据的时间比之前少了一半，但选对房子的概率却几乎是原来的两倍。

那么很显然，如果我们想在无数种选择中找出最佳决策，只靠有意识的思考是不够的，我们需要的是有意识和无意识相结合的力量。这个发现很有意义，但是还不够完善。在决策过程中，有意识思考和无意识思考到底应该孰先孰后呢？研究者在后续的实验中发现，不同思维模式的先后顺序十分关键。

如果租房者先花 2 分钟时间分析房屋信息（有意识思考），接着再把注意力转移至填字游戏（无意识思考），那么他们有 57%[①] 的概率会挑到最好的房子。但是如果调转思考顺序，他们选对房子的概率就会下降到 30%。

无怪乎市面上有这么多关于有意识思考和无意识思考决策的书籍，只因我们正在摸索能够完美结合两者优势、达到圆满之境的道路！上述一系列研究给我们的启示在于，**如果我们想要提升做出复杂决策的效率，优化决策成果，那就必须按照特定顺序，统筹兼顾地运用好有意识和无意识思考**。所以，在面对大量选择的情况下，最佳决策方案应该是这样的：

◎ 第一步，花一点时间充分理解、分析所有决策因素；

◎ 第二步，暂时停下；

◎ 第三步，转而投入某个完全不相干的活动中，在无意识中酝酿决策；

◎ 第四步，做出最终决定。

用无念与正念的结合替代对正念的盲信

几十年来，人们一直认为增强自我意识是迈向成功的不二法门，但是本章提及的研究成果却指向了另一条道路，即一种意识与无意识结合的替代方案。我们敢承诺，这种方案能让你在追求梦想的路上，表现得更加出色、生活得更加美满。我们敢断言，在你意识不到的情况下，你的行为习惯可能将悄然发生剧变。无意识状态的心理变化虽然毫不起眼，但却能实实在在地让

① 与前文的 58% 不同，此处疑为作者笔误。——译者注

我们做出更强、更快、更睿智的决定。

对于提高工作能力，你会想到哪些方法呢？加里·莱瑟姆（Gary Latham）和罗纳德·皮科洛（Ronald Piccolo）为此在一家电话销售公司试验了一种低成本的心理干预措施：他们要求话务员在给客户打电话前先看一张照片。[33] 照片分为三种，第一种照片上，三名电话销售代表正微笑着通电话（代表了与工作相关的成就）；第二种照片上，一名女运动员在田径比赛中跨过终点线，正高举着双手庆祝胜利（代表了与工作不相关的成就）；第三种照片则是话务员所在的办公大楼。结果，那些看过传达成就感照片的员工，其推销成功率上升了 58%，而看过办公大楼照片的人却没有任何进步。

不过，最惊人的发现还在下面：那些看过电话推销员微笑照片的员工，其收入要比看过大楼照片的人多 85%。但当被问到如何提高自身工作能力时，没有一个员工提到自己隔间里新添的照片。如果换作是你，你会怎么选呢？是花 10 美元买一副相框和照片，还是花几千美元参加高级培训，来提高自身的工作状态、斗志和表现？另外，研究者还发现，这种无意识的工作激励效果的持续时间可不是几秒钟、几分钟或几个小时，而是整整一周。

现在，让我们把目光放到比较宏大的社会议题上。一般来说，劝说人们放弃对老人、残疾人、同性恋或者不同族裔的成见，反而会刺激人们对这类人产生各种歧视。与此类似的是，吸烟者看到戒烟广告反而会更多地抽烟。[34] 因此一些研究者召集了一群承认自己对黑人有成见，而且不愿与黑人接触的成年白人，目的在于找到一种不用直接劝说，就能改变这群白人的成见的办法。

研究者让参与实验的白人在电脑屏幕上观看表现非裔美国人积极面的图片，随后要求他们拉近操作杆，表示“接近黑人”。之后，又要求他们在看到有关白人的图片时，推远操作杆，表示“远离白人”。[35] 这样做的意义在于，通过不断地重复，将暗含黑人积极面信息的图片与接近黑人的意愿结合在一起，改变实验参与者敌视黑人、唯恐避之不及的思维习惯。研究者发现，这些经过训练暗示的白人与未经训练的人相比，他们对黑人的成见少了46.5%。但是这种给大脑重新编程的做法，是否真的会影响他们遇到陌生黑人时的反应呢？答案十分令人震惊：这些通过电脑操纵杆训练、无意识地将黑人面孔与亲近动作联系在一起的白人，在与陌生黑人初次见面交谈时，就挪动椅子把两人之间的距离缩短至原先的1/6。天啊，大脑真是一个奇妙的器官！

对于那些能够包容多样性的人，我们自不必多言与不同外貌或价值观的人融洽相处的意义。但有一个重要的事实是：我们每个人都有物以类聚的倾向，我们更加喜欢与自己想法相似的人接触。不管区分我们的身份是有神论者还是无神论者，是素食者还是肉食者，是书呆子还是运动员，我们或多或少都会对对方存在偏见，有些偏见是看得见的，有些却是我们意识不到的。最新的科学研究证实，这些偏见都是可以改变的，通过反复的暗示，就能给大脑重新编程，让思维习惯变得更好。这种无意识的心理训练已然成了增强幸福感和成就感的重要方法之一。

目前科学界和社会主流观念都认为正念强于无念，但是我们提出了一个与之相左的观点。如果你能领会到无念对于成功的促进作用，那么你将会比那些只知追求正念的人更具优势。因为生理条件的限制，我们不可能长时间保持正念状态。**为了利用好无意识思维，我们在日常生活中要常将无念应用于追求目标、信任他人、培育创造力、纠正偏见和做出复杂决策等方面。**

在特定条件下，无意识思考能让我们更加客观。你可能不太相信这句话。毕竟从直观感觉上来说，在无关紧要的小事上，不假思索的决定也无伤大雅。但是在复杂的决策中，高度紧张和专注的思考过程却是必需的。不过我们要告诉你的是，对正念的迷信才是思维高效性的绊脚石。

本章重点总结

THE UPSIDE OF YOUR DARK SIDE

❶ 什么是无念?

- 无念是指，从一般的心不在焉到完全进入无意识的状态。

❷ 通向成功与幸福的 3 种无念状态：

- 运用自动化思维

 优点：①在简单社交场合中可判断一个陌生人的可信度；
 ②有助于进行健康的情绪管理；
 ③不受约束的思维和涣散的注意力可以激发内在的创造力。

- 无顾忌行事

 优点：①其中的不确定性可以给人带来快乐感和成就感，让人感受到久违的活力与自我；
 ②有助于使人在交谈中抛弃固有成见的束缚，提升交流者对交流结果的认可度；
 ③提升处理敏感问题的魄力，直面问题的要害。

- 无意识地做决定

 优点：①无意识状态下的判断准确率更高；
 ②按照特定顺序，统筹兼顾地运用好有意识与无意识的思考，有助于提升做出复杂决策的效率，优化决策成果。

THE UPSIDE

6 管理情绪必须拥有的观念二：泰迪效应

OF YOUR

WHY BEING YOUR WHOLE SELF--NOT
JUST YOUR "GOOD" SELF--DRIVES SUCCESS
AND FULFILLMENT

DARK SIDE

你能想象国家元首避开他的安保团队，去享受私人空间的场景吗？在公众人物的安全问题饱受瞩目的现代，这是一个很难想象的画面。然而早在1903年，西奥多·罗斯福在他第一次任期刚过两年时就做过这样的事情。在对约塞米蒂国家公园的公务访问期间，罗斯福甩掉了随从们偷偷地溜走了，身边只带了约翰·缪尔和几名公园巡护员。在“偷溜”期间，缪尔反复强调政府应该对自然环境采取更多的保护措施。他们整夜都待在红杉林中，还探索了冰川制高点上壮丽的峭壁。等罗斯福重新回到宾馆时，他的随从们都急得手足无措了。这次事件被美国人称为“历史上最伟大的露营旅行”。罗斯福打破规则的行为也对之后的保护荒野立法起到了促进作用。

如果你认为罗斯福这种“主张个人空间的叛逆行为”只是一次偶然事件，那你可错了。在现代社会，你能想象一个政府首脑为了在冬季保持身心健康，而在白宫后院的波托马克河里裸泳吗？[①]泰迪知道怎样树立公众形象以及影响

① 除罗斯福外，美国第6任总统约翰·昆西·亚当斯（John Quincy Adams）也以喜欢在波托马克河裸泳闻名。后文的“泰迪”是罗斯福的昵称。——译者注

民众和舆论。威廉·麦金莱（William McKinley）在1900年竞选美国总统的时候，选择了泰迪作为竞选搭档。当然，他们成功赢得了竞选。当麦金莱总统遇刺身亡后，美国人民都在等泰迪接过总统的位子，可是等待的时间超出了他们的预想，那天泰迪因为去纽约州北部攀岩而恰好与媒体失联了。

泰迪有着强烈的优越感，觉得自己有成为伟人的潜力，理应得到特殊的待遇。这个世界需要更多像泰迪这样的人，这可不是因为波托马克河需要更多的裸泳者！

接纳泰迪效应，让你在关键时刻优势增加20%

罗斯福喜爱冒险，他英勇果敢、精力充沛，而且愿意直面自己性格的阴暗面，这一点在他的前任或继任政府首脑中极少有人能做到。作为一名战士，罗斯福获得了国会荣誉勋章[①]。罗斯福曾在亚马孙热带雨林中探索了上百公里的区域，即便因腿伤感染疟疾也从未停下脚步。事实上，他的团队比其他探险队伍都走得更远，他们的足迹远至困惑河（Rio da Duvida），这条河后来被命名为“罗斯福河”，目的是纪念罗斯福的壮举。在威斯康星州密尔沃基的一次拉票活动中，罗斯福遭遇了近距离的行刺，子弹穿过他胸前口袋里的演讲稿进入了他的胸腔，但罗斯福仍然坚持在完成演讲后才对伤口进行处理。罗斯福是世界上第一个建立自然保护区以供大众游玩休憩的人，因此他也被视为“国家公园管理体系之父”。不管从任何角度衡量，罗斯福都是一个伟人，他常被称为“最伟大的美国总统之一”，排位仅在林肯、小罗斯福和华盛顿之后。

一个人怎么才能获得这么多的卓越功勋呢？罗斯福的成功是否源于他不屈不挠的乐观精神和澎湃激情呢？事实证明并不是这样。最可能的原因是，

① 因其在美西战争中功勋卓著，2001年美国国会追授其荣誉勋章。——译者注

罗斯福是少有的，能够以相同态度面对自己的光明面和阴暗面，并实现了圆满之道的人。《纽约晚间邮报》的总编辑埃德温·戈德金（Edwin Lawrence Godkin）曾就罗斯福“好斗的个性”发表过许多篇文章，戈德金称：“如果罗斯福能放下这份好胜心，那么他会为国家做出更大的贡献。”[1]对此观点，我们不敢苟同。在我们看来，这种毫不退缩地直面社交活动中的不适感正是圆满的一种体现，故此我们将其称为“泰迪效应”（Teddy Effect）。

好总统们的特质

心理学家斯科特·利林菲尔德（Scott Lilienfeld）和他的同事们通过研究 42 位美国总统的领导才能，揭示了那些看似不良人格特质的实际价值。[2]他们的研究成果来自 121 位有着相关专长的传记作者、记者和学者。这些人需要回答 240 个针对这 42 位总统人格特质提出的问题。随后，研究者再将搜集到的信息与综合民意调查、历史档案记载的总统工作能力数据进行对比。利林菲尔德研究团队对于答案所反映出的精神病态（psychopathy）的相关特质尤其感兴趣。精神病态通常被定义为人格障碍，表现为反社会行为、情感麻痹、无法自控等。毫无疑问，精神病态的人，尤其是俗称“神经病”的人名声都不太好。但是心理学上的精神病态是一个很广泛的概念，其中还包括一些积极的特质，比如具有人格魅力，对焦虑完全免疫，处事无所畏惧等。

研究发现，那些具有一定精神病态倾向，尤其是具有与无畏相关的性格特质的美国总统会有更强的领导能力。精神病态特质让他们取得了很多令人羡慕的成绩，比如他们会更有说服力、危机处理能力更强、更愿意冒险推出新法案、更容易成为世界风云人物，而且他们还可以和国会保持良好的关系。研究者们按照不同的标准对42位总统进行了排序，其中泰迪以压倒性的优势在无畏方面排名第一，在极度自恋方面排名第二。由莎拉·史密斯（Sara Smith）领衔的利林菲尔德研究团队又进行了一系列后续研究，有意思的是，在具有精神病态特质的大学生和普通成年人身上，也发现了类似的现象。综观这些研究成果，精神病态特质与利他主义和英雄主义行为有着密不可分的关系。

作为一个理智与心智健全的人，你肯定不希望自己是一个邪恶的混蛋。也就是说，你默认自己想做一个好人，而也许正是这样的念头阻止了你获得额外20%的优势并享受成功。我们在这里展示了这一系列的研究结果，其实是想说，也许你应该策略性地运用性格中的黑暗面，包括运用以下行为，比如：扭曲规则、专横冷漠、无所畏惧、浮夸炫耀、操纵他人、以自我为中心。有些人可能会因此讨厌你，但是你得明白，没人能在让所有人满意的情况下成就伟业，或者突破原有限制取得创新性的成果。不管是柏拉图、甘地，还是纳尔逊·曼德拉，他们都做不到。即使你能够侥幸像他们那样拥有无所畏惧的勇气、不屈不挠的决心，并矢志不渝地追求目标，你也难以躲避那些虎视眈眈的批评者、嫉妒者和敌对者的暗箭。就像泰迪用亲身经历证实的那样，你并不需要为成功的事业而牺牲幸福的家庭关系。尽管泰迪的第一任妻子很早就去世了，但他仍然与第二任妻子度过了幸福长久的婚姻生活，他们还育有5个孩子。你完全可以在不疏远家人的情况下，凭借一些不受欢迎的特质踏上成功之路。

THE UPSIDE OF YOUR DARK SIDE

纵观历史，“泰迪效应”是领导人获取权力和提升自我的一个正当途径。如果你想要激发、提升自己的表现，或者在竞争中存活下来，那么你必须学会运用支配性地位、攻击性行为、战略性心理来操纵局面，并且以自我为中心，把自己、家人和核心生活圈放在第一位。

这个方法不仅适用于像总统那样的大人物，也适用于想要对别人施加影响的小人物。当你接纳了“泰迪效应”后，你就能获得包括你自己在内的大多数人武断摒弃的那 20% 的优势。就像泰迪一样，你不需要为了事业成功而牺牲健康、家庭和人际关系。在泰迪的总统任期中，他的妻儿都支持他，士兵们都爱戴他，民众也都崇拜他。

我们得承认，利用支配地位、攻击行为进行自我提升的想法确实令人不快。在高度敏感的现代社会，很多领导力专家都极力否定所谓的不良行为，宣称它带来的成功只是暂时的。据盖洛普咨询公司的汤姆·拉思（Tom Rath）说，在现代社会的“积极运动”中，领导人常常强调要使用积极的管理策略：

> 他们在机构中常常有意地推进积极情绪的蔓延和流动……积极的领导者想的不是雇员们能为自己做什么，而是如何培养每一个为自己工作的人。他们把每一次与他人的互动都看成是提升其积极情绪的机会。[3]

如果一个人很少遇到需要愤怒、独断或者强势的境况，这当然很好。如果孩子们总是自觉地扔垃圾、修剪草坪或者做功课，那更是再完美不过了。有研究表明，品德高尚的领导者可以提升员工的工作表现，并让员工觉得自己很优秀。然而，此类研究几乎都是在经济繁荣时期进行的，彼时人们没有什么财务压力，对于经济萧条时的状况也毫无概念。一旦形势逆转，进入经济低迷时期又会怎么样呢？在这种时候，充分利用人性黑暗面带来的优势，也许会更有助益。

调动内在的“黑暗三巨头”

经常性的情感分离和心理操纵的确存在一定的潜在危害。不过我们认为，对于那些需要处理负面新闻、缓解工作压力的领导者，或者是处于逆境中的普通雇员来说，将某些行为策略武断地贴上“病态”或“恶意”的标签，并随之放弃是不明智的。正如消极情绪常常是有益的，消极行为有时候也会带来令人震惊的效果。为了深入了解这些益处，我们先来仔细看看“泰迪效应”的三大部分：马基雅维利主义、自恋和精神病态。

马基雅维利主义

作为一名对人类行为有着敏锐洞察力的哲学家，尼可罗·马基雅维利在其代表作《君主论》中针对领导者掌权和决策方面提出了详细的建议。他提倡，在做每一个决定时都要保持理性，不受感情影响，这样人们就不会为了眼前的欢愉而破坏长远的计划。这种观念和做法即被冠以“马基雅维利主义”之名。马基雅维利的准则不是为理想国而提的，相反，他关注的是在现实世界中，如何在正确的时间以正确的理由做出正确的选择。这也意味着人们应该对形势变化高度敏感，并且能够根据需要在忠诚与狡诈、善与恶之间来回转换。“他必须尽可能地坚持做一个好人，但是在必要时也可以违背这一原则，随时做好使用邪恶之法的准备。”[4] 马基雅维利强力论证了**“没有绝对正确的事情，必须根据实际情况做出选择”**的观点。正是这一观念帮助泰迪在赢得了军事领域最高荣誉的同时，还因调停战争获得了最有名的诺贝尔和平奖章。

自恋

人们认为马基雅维利主义有悖于道德，这与人们对自恋的看法也很一致。但是在心理学家看来，自恋既有积极特征也有消极特征。自恋往往被定义为：对自我重要性和自我权利的夸大理解。自恋的人做事是为了赢得别人的认同和赞美，并对不认同、不赞美他们的人毫无兴趣。另一方面，自恋者在学习知识和技能时十分尊重师者，将其一言一行均奉为圭臬，他们还会从心底里相信自己是特别的，有一种优越感，因而始终坚持走自己的道路。

根据希腊神话，那喀索斯是一个以美貌著称的年轻人。有一次他来到湖边，看了一眼湖水，然后就爱上了湖水中自己的倒影，但他没有意识到那就是自己。因为无法离开“自己的爱人”，那喀索斯不吃、不喝、不睡，最后死在了湖边。这个故事意在告诉人们，要警惕虚荣心的危害。尽管那喀索斯对自己念念不忘，但是这种迷恋是基于他出众的美貌。在外貌方面，那喀索斯确实超凡绝伦，然而这一点在我们普通人身上很少见。

自恋除了能让我们认识到自己身上有着美貌之外的非凡之处，还会不会有其他助益呢？心理学家罗伊·鲍迈斯特和他的同事们研究了自恋可能存在的益处，并且发现：“据高度以自我为中心的人反馈，他们的欲望并不比别人的更强或者更弱，但是他们在追求自己想要的东西时，很少有心理斗争。”[5]也就是说，**当自恋的人想要什么东西的时候，他们不会有后悔、内疚或者犹豫不决的情况**。鲍迈斯特团队也总结说：“自我意识强的人显然认为，他们之所以想做某件事情，自然是因为他们有充足的理由。”

换句话说，自恋的人有意愿去追求一些远大的志向，而这些理想往往是其他人觉得很傻、很自我，且不可能完成的事情。[6]比如，相比于在家幻想自己主持电视节目，自恋者们更倾向于走出去真正尝试。那些以自我为中心的人相信自己与众不同，所以他们非常自信。可能正是这种相信自己“独一无二”以及“有资格”的感觉，给我们的生活带来了苹果手机、人类基因组计划、微软系统、奥普拉读书俱乐部和《颓废大街》(*Exile On Main Street*)。

精神病态

在普通人看来，像马基雅维利主义和自恋这样的负面特质，与精神病态相比还是小巫见大巫的。连环变态杀手们那些耸人听闻的事迹，严重影响了大众对于精神病态这一特质的看法。人们普遍认为，精神病态的人缺乏与他人共情的能力，在生活中无法与他人建立正常的情感联系。这种状况会使他们对于自己的错误行为毫无愧疚感，并进而成为施暴者，最终升级为罪犯。不过心理学研究者对精神病态有着不同的看法，他们能看到符合形势需要的低风险负面行为所带来的一些好处。

简单来说，普通人一般无法承受的恐惧或者其他强烈情绪，对于具有精神病态特质的人来说完全不是问题。对大多数人而言，与恋人吵架都可能造成精神涣散或者茶饭不思之类的不良后果，更不用说其他复杂的情况了。如果我们能够降低强烈情绪对自身的影响，又会有什么样的好处呢？举个牙医的例子吧。当我们开玩笑地问牙医，他怎么看待自己选择了一个制造痛苦的职业时，他给出了一个早就准备好的答案：

> 当我和病人打招呼的时候，我感觉自己是一个有血有肉的人。我在诊室见到他们，向他们微笑，同他们握手，这时候我们站在一块柔软的长绒地毯上。接着，当我们跨过门槛，踏上检查室的漆布地板时，我就变成了另一个人。从这一刻起，我就屏蔽了所有的情感，每个病人对我来说都只是一副牙齿和一个需要解决的问题。

马基雅维利主义、自恋和精神病态这三大特质被我们称为“黑暗三巨头”，它们每个都像高空中的钢索一样难以驾驭。稍有过之则会伤害他人，略有不足则无法成事。[7]“黑暗三巨头”在科幻故事中的每一个反英雄人物身上都有所体现。他们各有各自的缺陷，但是这反而有助于展现他们更成功的一面。想想蝙蝠侠、詹姆斯·邦德、汉·索罗、西弗勒斯·斯内普、斯特林格·贝尔，还有提利昂·兰尼斯特吧。还有那些女性的反英雄人物，比如郝思嘉、德法尔热太太、谢赫拉莎德、杰茜卡·亚崔迪和卡丽·马西森，她们冷若冰山的一面反而让她们格外有吸引力，这种魅力甚至让人违背理智。①

① 上述反英雄角色分别来自《蝙蝠侠》《007系列》《星球大战》《哈利·波特》《火线》《冰与火之歌》《乱世佳人》《双城记》《天方夜谭》《沙丘》《国土安全》。——译者注

你也曾不守规矩

我们说了这么多“黑暗三巨头”的优点，并不是建议你去改变自己的个性和品格。你可不要因此就不再道歉、不再做志愿者工作，或者不再为别人扶门。继续做好人吧！但我们的建议是，**你可以采纳马基雅维利的理论，根据形势需要调动你内在的马基雅维利主义、自恋和精神病态特质**。如果“泰迪效应”还是令你反感，那我们借这个机会告诉你，从某种程度上来说，你已经尝试过类似“泰迪效应”的行为了。

比如，你是否曾经：

◎ 等到另一半走进房间才按下洗碗机上的“开始”键，好让他看到你在家务上做出的贡献？

◎ 尝试以个人魅力说服他人？

◎ 在开始批评前，先来“一勺鸡汤”？

◎ 幻想自己获得了一个学术上的奖项？

◎ 为了赢得朋友的支持和同情，以受害者的身份叙述自己的遭遇？

◎ 撒谎？

◎ 看到有人走过来时马上按下电梯的“关门”按钮？

也许当你知道我们每个人在人生的大多数时候都会“表现不良”时，你会感觉好受很多。这一点我们可以从对孩子们诚实度的调查中得知。研究者安杰拉·埃文斯（Angela Evans）和李康（Kang Lee）调查了 4 岁儿童的道德水准。[8] 埃文斯在把每个儿童单独留在一个房间之前，告诉他们要忍耐住，不可以偷看他们旁边座位的礼品袋里装了什么。当然，孩子们丝毫没有察觉到他们是被监视着的。结果显示，80% 的孩子都没忍住，偷看了礼品袋里的玩具。而当埃文斯回到房间，询问这些“小骗子”们有没有试着偷看礼品袋的时候，90% 的孩子都毫不犹豫地说他们没有打开过礼品袋。更值得注意的地方在于，那些智商更高的孩子，往往更倾向于选择说谎。这说明，智商高的人不光更擅长分析，也更加精通如何哄骗和操纵他人。

研究表明，你和其他所有人一样，都认为自己比别人强。这是一种所谓的“超越平均值效应”，即大多数人都相信他们是超过人类平均水平的。当然，这在统计学上是不可能实现的。[9] 例如，在一项研究中，25% 的参与者会说自己与别人和睦相处的能力是所有人中顶尖的 1%。在另一项研究中，93% 的参与者说，他们在驾驶技术方面超越了一般人的水平。当你分别询问共同生活的配偶，他们各自承担的家务活比例时，他们两人的回答加起来绝对会超过 100%。我们都生活在一个自恋的大泡泡中，依靠自我满足的错觉获取自信，来面对复杂和不确定的每一天。

实际上，“超越平均值效应”的研究结果在其他关于自恋者的研究中也得到了印证。至少在美国，自恋者的数量正在逐渐上升。[10] 圣迭戈州州立大学的琼·特文格（Jean Twenge）和佐治亚大学的基思·坎贝尔（Keith Campbell）做的一些研究表明：自恋时代已经到来了。特文格团队发现，人们在日常生活中越来越少地使用集体代词，比如“我们”“我们的”。相反，人们越来越多地开始使用第一人称代词，比如“我”“我的”。

同样，彰显个性的潮流在新生儿的命名中也可见一斑。特文格团队在对近 100 个新生儿的名字进行研究后，发现有越来越多的父母开始给孩子们起一些有个性的名字。在过去，40% 的男孩的名字都出自年度十大流行男孩名字列表，如约翰、麦克等，但是现在只有 10% 的男孩家长会给他们的孩子取列表中的名字。甚至连我们两个作者托德和罗伯特，也给自己的 5 个孩子分别取名为维奥莱（Violet）、克洛伊（Chloe）、雷文（Raven）、贾扬提（Jayanti）和杰迪（Jedi）。除了克洛伊和维奥莱是在我们写作时流行的名字以外，其他三个名字都不是命名的主流。从这种趋势来看，未来孩子们的名字搞不好会用到永不相同的素数。

是的，自恋的人越来越多。你可能发现，身边越来越多的人都表现出了情感脆弱、怀疑心重、对抗心强和寻求赞美等自我意识较强的性格特质。你发现，人与人之间的关系发生了天翻地覆的变化。从前，人们争吵打闹发泄完了，第二天还能勾肩搭背称兄道弟；现在，你只要威胁到了某人的优越感，他们便会坚决回击。而且不同的是，如果人们觉得自己被冒犯了，他们的回击往往冷酷无情，不争个你死我活决不罢休。

这一情况已经成了高速公路上寻常的风景。想想你每周花了多少时间在高速公路上守护你的那条柏油车道，以衔尾之势紧跟前方车辆，以防你左边或者右边的司机趁机超车，插到你前面来。当你这样做时，有没有注意到你的身体正在发生一些生理变化，比如你的血压在升高、手脚会越来越紧张？如果以上情况都没有出现，那你有没有碰到过故意超你车的“公路战士”？他们逼得你不得不变换车道才能进入高速公路出口。

当你以旁观者的心态观察这类人的行为时，你会发现，这种自恋带来的脆弱心理防线，这种像战争一样对个人空间寸土必争的斗争心，实在是让人匪夷所思。这种状况在互联网上甚至更糟糕。网络让人们内心膨胀，觉得自己可以随意贬低别人，甚至彻底毁掉他人的创意。写一本书、拍一部电影或者准备一场世界级的比赛都需要经年累月的工作，然而发表一段言辞尖锐的批评只需要几分钟而已。这样的争吵对抗和博弈会让参与其中的所有人都倍感压力，精神健康也会遭受损害。[11]

当特文格、坎贝尔和其他人都对未来忧心忡忡时，却忘了自恋也有着健康的一面，即向着最高的目标努力奋斗，而且这种有益的影响也正在逐渐地显现。[12] 自恋的这一面蕴含着一种人们不知道的优势。当我们想要赢得别人的赞许时，这种优势不仅会让我们变得迷人、自信、强大，还会带来各种让人满意的社会回报：

◎ 成功

◎ 领导地位

◎ 权力和影响力

◎ 吸引力和人气

◎ 那些看起来很浮夸的幻想变成了现实

自恋的人往往自视甚高，因而他们会孜孜不倦地追求自己的目标，以显示出他们如自己所想的那样出类拔萃、具有远见卓识且潜力无限。

有时候，好人也会有一些不好的行为，而他们往往会把不好的行为归咎于“泰迪效应”。但是如果你执拗地相信这一点，你可能会错过一些惊喜。在下面这两种人中，你觉得谁最可能帮助陌生人摆脱困境，是一个在精神病态倾向上得分很高的人，还是一个积极的人？为了弄明白这一点，心理学家穆罕默德·马哈茂德（Mehmet Mahmut）训练了一些演员在大街上表演，目的是判断究竟什么情况会让一个旁观者伸手相助。[13] 马哈茂德并不只是简单地找了一个演员在路边求助，而是为不知情的路人设计了一整套考验项目。在马哈茂德设定的场景中，路人首先会碰到一个假装迷路在问路的男人（男演员）；接着，路人又会遇到一个女人（女演员），她正好有一叠文件掉在了地上；最后，路人会看到一个独自坐在桌边的男人（男演员），他有一只胳膊挂在吊带里，所以无法从饮水机里接水喝，也没办法在便签本上记笔记。

在遇到陌生人问路时，有精神病态倾向的路人们很少愿意停下来提供帮助；当看到一个紧张的女人笨拙地在地上捡一堆散落的文件时，有精神病态倾向的路人上前帮忙的概率和心态积极的路人相差无几；当看到一个胳膊受伤的陌生人为日常生活琐事挣扎的时候，有精神病态倾向的路人更愿意停下来表达善意。当有机会展现英雄风采、体现美德风尚或者处理棘手问题时，有精神病态特质的人们往往会停下脚步；更富有同情心的人在这种情况下反而会置身事外。[14] 以自我为中心的人往往对“大事”更感兴趣。有自恋特质的人渴望他人的赞美，这种特质会激励他们在更受外界关注的事情上大展拳脚。[15]

马基雅维利主义：与人相处的积极操控术

“操控”这个词承载了很多消极的意义。当我们听到这个词时，可能会想到骗子，或者那些从我们某个家庭成员手中诈骗了几千美元的“大师”。实际上，操控的意思是控制和影响，这更像是啤酒公司通过一个好笑的商业广告给你带来了惊喜，从而影响了你的消费倾向；或者像是紧跟在你后面的车，鸣喇叭促使你变道让它先通过；又或者像是已退休的治安员每次超速驾驶被警察叫停后，他们都会假装无辜地说：“唉，我原来就是一名执法者，本该知道不能超速行驶的。”是的，我们每一天都在运用自己的影响力。

我们不爱听“操纵”这个词的一个原因是，它似乎暗含着掌控他人的意思。我们在阅读那些假惺惺的促销传单，看它们虚报低价、诱导转向、步步为营时，会觉得这种营销策略很可恶。比如，心理学家罗伯特·莱文曾描述过一个汽车销售技巧，整个过程似乎已涉嫌欺诈。一个汽车销售员在接受莱文采访时承认，他会通过提供不合理的低价吸引客户到店里看车。一旦他们到了店里，这个销售员就会突然接到一个电话，然后把顾客交给另一个同事。后一个同事会向顾客解释，刚刚走开的销售员犯了一个错误，汽车的价格实际上比他报的价要贵。

我们在听到这个诡计的时候都气蒙了，感觉这是一种无法容忍的行为。实际上，我们忘记了一个简单的事实：顾客确实是想买一辆车，而销售员也实际上促进了这个销售过程。用诡计把顾客哄进店里确实是不诚实的行为，但是说实话，到店里看车确实是买车过程中不可缺少的一个环节，所以顾客最终也是受益的。

关于积极操纵，有一个无伤大雅的例子就是非营利性机构募集资金的策略。就像做食品广告一样，慈善机构必须想尽办法让人们捐钱。他们会努力寻找最好的策略，甚至还围绕如何募集资金形成了一门研究科学。例如，达特茅斯学院塔克商学院的丹尼尔·法伊勒（Daniel Feiler）就做过相关研究。他对慈善机构号召捐款的各种手段都很感兴趣，其中一种就是使用所谓的利己主义宣传口号：把钱捐出去会让人自我感觉更良好；另一种则是使用利他主义宣传口号：把钱捐出去帮助穷人购买食物。如果慈善机构单独采取上述任意一种宣传策略，校友会上的捐款率便会达到 6.5%。但是如果慈善机构同时采取两种宣传策略，那么捐款者的人数便会减少一半。这样看来，人们其实并不是很讨厌劝说，但是太多的劝说听起来就像是心理操纵，让人拒绝接受。这一研究成果所强调的，或许是社会影响力游戏中的唯一规则：只要没被发现，操纵他人就是完全没问题的。

另一个关于操纵和影响力的积极例子是警察的工作。为了公共安全的需要，警察们每天都要多次对别人施加影响。比如，哄劝要跳楼的人放弃轻生的念头，说服暴露狂把衣服穿上，劝说两口子在家庭冲突中冷静下来，通过谈判协商解救人质等。警察局有一套准备好的外部干预措施，比如枪、催泪弹、泰瑟枪和手铐。但是警官们也受过训练，便是他们能够用肢体动作和语言缓和紧张的局面。老练的警察都是大师级的操纵者。

2008 年的时候，俄勒冈州波特兰市把市中心的一块方形区域建设成了广场。这个广场被市民亲切地称为“波特兰的起居室”，它是一个开放式的商业中心，在这里，上班族们可以吃午饭，居民们可以下棋。冬天的时候，市里的塔形圣诞树也会矗立在广场上。这里的安保系统和购物中心一样，是预防性质的，旨在减轻警察的压力。在侦查大案件的时候，波特兰的警方会快速地从这个区域扫过，而把重点放在对那些高犯罪率地区的巡逻上。然而，犯罪分子们也察觉到了这一点，他们知道警察对这一区域的管辖相对松懈，因此不久之后，警方调度中心每天都会收到30多次报警，内容都是有人在广场进行毒品交易。

下面我们来看看亚当·莫伦戈（Adam Morengo）警官是如何处理这个问题的。莫伦戈和同事们身着便衣来到广场，调查毒品交易活动的线索。经过半个小时的观察，莫伦戈发现了一个毒品交易组织的首脑和他的5名跑腿小弟，并且确切掌握了他们即将开展交易的迹象。毫无疑问，凭借全副武装的警察力量，莫伦戈肯定能抓住这6个嫌犯。但是一场追逐在所难免，其间很可能会发生打斗、枪击或者造成其他危险后果。

莫伦戈倾向于采取更加温和的措施。他两手空空，毫无防备地走进了毒贩们的圈子里，向他们表明了自己的警察身份，旋即强调自己并没有想要逮捕任何人。毒贩首脑非常挑衅地指着莫伦戈说：“你不可能把我们怎么样，但是我们完全可以把你当街击毙。”对此，莫伦戈仍然毫不退缩。

“伙计们，”莫伦戈说，“我不是到这里来羞辱你们的，我也不是到这里来控诉你们任何事情的，更不是来虐待你们的，我到这里来，只有一个目的，那就是看看我们是否能合作。”莫伦戈的话是毒贩们始料未及的，毒贩们从虚张声势一下子变得面面相觑。莫伦戈接着提出了他的要求。

“真的，我在乎的只是这个广场是不是安全。很多人带着孩子来这里游玩，我不希望任何人受到伤害。现在我不可能把你们所有人都抓起来，我没有这样的条件。”这一段话让在场的人都笑了。“所以，”莫伦戈继续说，“我想和你们头脑风暴一下，看看我们怎么做才能使这个区域更安全。”

毒贩首脑逼近莫伦戈：“你这是要放我们走？”他用难以置信的语气问道。

“当然不是，”莫伦戈说，“你知道，当我们看到违法行为的时候，我们一定会加以惩处的。越是明显和频繁的犯罪行为，越是不可能被警察放过。所以如果你继续交易毒品，我可以向你保证，你一定会被捕的。但是我们现在有这样一个机会，也许可以帮你们避免麻烦和被捕，所以我们应该怎么做呢？”

可能是莫伦戈使用了缓和紧张局面的技巧，如把双手放在看得见的地方、用平稳的语调说话、回答对方的问题，以及避免微笑（在关于模仿的研究中提到，微笑可能会被错误地解读）。也可能是因为莫伦戈对待毒贩们是彬彬有礼的，而这正是这些毒贩们从未在警察那里看到过的态度。无论是以上哪一种情况，毒贩们提出了一个解决办法：“我们可以从这个区域撤出，去别的地方做生意。”

莫伦戈对毒贩们的提议表示由衷的赞同，并表示很高兴看到通过他们的共同努力，保护了市中心这一重要区域的安全。没有使用武器，甚至没有高声说一句话，莫伦戈就说服了一伙强壮、粗鲁和全副武装的罪犯，并让他们主动离开了一个赚钱的好地方。结果，这些人在 24 小时内就被抓获了，因为他们正在一个新的区域开展毒品交易。果然，就像莫伦戈说的那样，显眼的毒品交易引来了众多全副武装的警察，他们可不介意在这样一个人烟稀少的地方抓捕这一伙毒贩。

莫伦戈的故事非常具有启发性。从开放式的讨论到武力回应，我们可以使用很多技巧来影响其他人。关于影响他人，我们总结出了两种类型：强硬的方法和温和的方法。**强硬的方法更加公开、剧烈，有时候具有强制性。**这里有一个完美的例子可以说明这一点：罗纳德·里根对于美国空中交通管制员罢工事件的处置措施。在1981年发表的一次3分钟演讲中，这位美国时任总统宣称："此举违反了法律，如果他们在48小时之内不回岗位报到的话，他们将会被解雇，职业生涯也即将结束。"这可不是善解人意的举措，也不是在邀请对方坐在谈判桌前沟通。这是一个强硬的主张，一点都没有虚张声势。里根随即解雇了11 000多名空中交通管制员。

影响措施过于强硬是造成人们对"泰迪效应"评价如此低的原因之一。要想客观地评价强硬措施的影响力，我们就不能只看到骗子运用了不正当的交易手段来欺骗公众的信任和金钱。[16] 现实生活中，在美国或者其他国家的主要职业体育赛事中，你都可以在大看台上看到许多有关用强硬的方式施加影响力的常见例子。那些铁杆粉丝们脸上涂着的和身上穿着的都是正式球队的周边产品，你一眼就能看出他们在支持什么、反对什么。他们为自己家乡最受追捧的球队加油，嘲弄他们不喜欢的球队。篮球球迷们坐在玻璃板后面，当自己支持的球队被罚球时，他们就会挥舞雷声筒来干扰对方的进球。实际上，在比赛现场，这样的情况非常普遍。一位神经学家就建议，大家整齐划一地挥舞雷声筒，比随机乱舞更能有效地干扰对方进球。达拉斯小牛队曾做过相关实验，粉丝们在最初两次齐心协力的尝试中，成功地影响了对方的罚球，使对方投球的成功率降低了30%。

强硬的影响措施，特别是跟挑衅有关的措施，也被科学证明是有效的。在一项研究中，10个参与者围观了各种运动员的表现，他们被要求在某些时候欢呼，在某些时候大声嘲笑，在某些时候保持沉默。结果发现，嘲笑起到了作用：运动员们在被嘲笑时比在周围欢呼或者安静时表现得更差。

THE UPSIDE OF YOUR DARK SIDE

篮球比赛中的“泰迪效应”

在另一项更为有趣的研究中，研究者们追踪了在真实篮球比赛中起哄现象对球员的影响。他们研究了在伊利诺伊大学和堪萨斯州立大学体育馆举办的篮球比赛视频。研究者们饶有兴趣地观察了当经历了15秒持续不断的嘘声后，客队和主队在接下来5分钟内的表现。有趣的是，比赛中有一半的时间都出现了他们预期的那种令人不快的局面。而这种起哄的行为一旦出现，我们就立刻看到了它的影响效果：主队马上就开始得分更多，违规行为更少，并且呈现出更好的控球能力（失误较少）；与之相反，客队在接下来的5分钟里，得分更少，丢球更多，而且犯规更多。很显然，来到伊利诺伊大学篮球馆看比赛的17 000名观众只是在有需要的情况下，能运用好“泰迪效应”的普通人而已。

再举一个关于强硬的影响措施的例子吧。如果你常往返于弗吉尼亚州北部和华盛顿特区之间，那么当你将车开过西奥多·罗斯福大桥，停在第一个红绿灯路口时，便会在你的左手边看到一个人，他穿着有两颗纽扣的三件套珍珠灰色西装，干净的手上随意地举着一个牌子，上面写着：“请给我些钱去买可卡因。”他笑着向你招手，请你在他的天鹅绒帽子里丢一些钱。很多人会轻蔑地斥责他，挥手赶他走。当你再往前开5米，你会看到另一个人，他蓬乱的胡子上沾着一些脏东西，甚至还有一些蛋壳碎片，身上裹着一条脏兮兮的格子毛毯，双眼恳求着怜悯。他举着一块牌子上面写着：“救救我，我需要食物。”这时，司机们一般都会摇下车窗，拿出1美元或5美元的零钱给他。一天结束的时候，他的口袋里就装满了钱。

我们与上面这两个人聊过天。你大概也猜到了，他们的确是一个团伙。

他们以前是各干各的工作，直到有一天他们聚在一起研究，到底如何才能增加他们的收入。现在，他们每过几天就会互换角色，并且还乐在其中。他们赚了很多钱，多到再也不愿回到快餐店打工，过靠最低工资度日的生活。有些人虽然发现了他们的骗局，但也被他们的创意逗乐了，所以还是乐意给他们钱。

他们对自己的操纵行为毫无愧疚。这两个受教育年限加起来还不到 13 年的成年人，成长期间长期受到过监护者的身心虐待。他们能够找到一份适合他们的工作，完全是出于他们自己的聪明才智。他们完美践行了如何使心理操纵成为一门艺术，以及如何通过自己的方式让别人觉得你做的事情是好的、是正确的。如果你不能暂时转换成别人的视角，理解他们想要什么，他们做事的动机是什么，那么你就很难与别人深入交流，更不用说影响他们了。[17]

温和的影响策略通常更让人难以察觉。这些方法一般基于吸引和诱惑，也可能包括暗示。一般形式是，微笑或者假装不经意地提及别人来表达自己的观点，或者是煽动竞争。温和影响策略的本质是非对抗性的，旨在通过唤起对方愉快或难过的情绪来达到目的。

如果你对强硬措施很反感，那么考虑看能不能用一个典型的温和措施：内疚心。就像我们之前看到的那样，用让人陷入罪恶感的方法来影响别人，是一种非常普遍、效果突出的方法。它包括以下策略：第一，告诉别人你做了很多自我牺牲，从而激活别人的互惠心理；第二，提醒他们在这段关系中的责任和义务，从而激活他们的责任感；第三，直接告诉他，这件事他做得非常好，从而让他知道做这件事其实很简单。想想你是否曾经说过这样的话："不，你去吧，好好看电影吧，我就留在家里，打扫厨房的卫生。"或者："如果你不愿意做的话，你妹妹肯定愿意。"这些都是胁迫性操纵的例子。

有趣的是，并不只有那些心胸狭窄的母亲和以自我为中心的朋友会使用让人陷入罪恶感的方法。激活别人的内疚感，也可以是出于正当的需求。当奶奶抱怨“都没人来看我”的时候，她并不是一个坏人，她只是在提醒你一个真实而又典型的、我们都要履行的义务，以及维持这段关系应尽的责任。同样，若足球队的新任总教练抱怨说他不喜欢输掉比赛，那么这也能让他的队员们产生不让他失望的压力。这确实也奏效了。在来到这个俱乐部的第一个赛季，这位总教练就带领着这支一直垫底的球队得到了冠军。

另一个有关温和影响的例子来自俄勒冈州波特兰市蕾切尔·巴雷特（Rachel Barrett）的一件轶事。

> 那时候我 17 岁，正在度过圣诞节假期。我打算去当地的一个商场。我和朋友们开着车，大概以每小时 112 公里的速度在高速公路上行驶，当我们驶过一个限速为每小时 55 公里的区域时，路边有一个骑摩托车的警察把我们拦了下来。他一来到我的车门边，我就哭了起来。这是我第一次被警察拦截，所以我被吓坏了。我一直没有停止哭泣，因为我知道这招对警察管用。当警察问我以后会不会遵守限速规则时，我又哭了一会儿，然后说“会的”，于是他就放我走了。

蕾切尔的故事很有指导意义，因为这个故事是真实可靠的，而且运用了操纵的技术。她当时确实很不安。如果她没有觉得不安，她也不会神经质地假装哭泣。另外，她也没有急忙跟警察解释：“请别介意我的情绪化，我超速了，即使我哭你也应该给我罚单。”事实上，她知道她的不安可能会让警察心软，并对她从轻处理。

温和的影响策略通常会用到润滑社会关系的技巧，比如刻意奉承讨好，声称自己认识某人，或者摆出互惠互利的条件。人们常常使用这些方法，有时候也会使用利他主义的策略。比如，慈善机构可能会宣传某位社会名人的赞助行为，吸引大众关注。人们经常运用温和的劝说策略来解决争端，特别是在友情和爱情中。比如，当男性想要安抚他的另一半时，如果他说："那对你来说肯定很难。"这种共情往往能起到预期的效果，房间里不安的气氛也会随之缓和，这个举动保护了他，也保护了他的另一半。当然，这也取决于你说的话有多少说服力，而且你必须足够真诚，这样你的话才不会被曲解。克制自己下意识给出建议的欲望，只是表达同情，也是一种策略性的行动。在这种情况下，这种行为既显得真诚，又非常有效。

精神病态：让人利益最大化的诀窍

莎士比亚说，所有人都是那徐徐展开、宏大绚丽的生活长卷上的演员。他认为，人们有自己的入场和离场时间，并且在此期间还扮演了很多角色。心理学家也同意这一点。事实上，心理学家常常通过角色和剧本来形容社会关系。比如，当你和杂货店的收银员交流时，你遵守着可预期的公平原则。你可能会询问他"过得好吗"，对方通常会回答"一切都顺利"。如果还有时间的话，你可能还会和收银员简单聊几句天气、最近的假期、店里的其他顾客等。不管你愿不愿意承认，你之所以会做出很多行为，其实都是因为你总觉得有人在旁边看着你。比如，当你在去邮局的路上观察云霞的变化时，突然被自己的鞋带绊了一下，你会马上顺势慢跑几步，假装好像你本来就打算这么做一样。这种场景看起来特别有趣，而且探究其成因的过程也让我们兴致盎然。

这种认为"全世界是一个舞台"，你周围的其他人都是观众的想法给你提供了一个机会，你可以通过操纵角色形象来为自己或他人争取权益。在一些商业洽谈、国际谈判和法律调解中，多多少少都有一点演戏的成分。比如，有纠纷的两个国家在进行对谈的时候，往往都会有一个共识，那就是不要针对谈判进程发表公开讲话。因为这样做可能会巩固一方的地位，而给会谈中的另一方火上浇油。

佛罗里达州的一位律师杰夫·达尔（Jeff Dahl），有超过12年处理个人伤害案件的经验。他用事实证明了，一点点操纵和演戏的技巧，就可以让所有人的利益最大化。佛罗里达州的人喜欢用调解的方式来解决案件，而不是上诉到法庭。有一次，达尔接到关于一位在摩托车事故中受伤的30岁男性（原告）和一家保险公司的案件，并负责从中调停。达尔把原告和他的律师安排在一个房间，保险公司代表则被安排在大厅另一边的一个房间。两个房间都是玻璃墙，可以看到另一个房间的一举一动。

接下来的两个小时，达尔从一个房间走到另一个房间进行调解，耐心地听取双方的想法，并落实他们关心的部分。终于，保险公司同意支付7万美元，达尔知道，这正是原告要求的数额。所以达尔觉得调解应该要结束了。然而，当原告知道了这个报价后，燃起了对金钱的贪欲，并说他想要更多的钱。达尔知道，保险公司代表没有权限申请到更多的赔偿金。为了避免调解失败后走上艰苦的诉讼之路，达尔打算施展一点小伎俩。

达尔走进保险公司代表的房间，保险公司代表正在等待原告同意他的报价。达尔没有立刻传达原告想要索赔更多的情况，而是跟保险公司代表说："我需要知道你对7万美元的报价是认真的，而且这是你最后的报价。如果以上情况属实，你可以通过收拾东西离开来表示你的诚意。"在达尔的建议下，保险公司代表开始收拾东西，准备离开。

达尔利用这个时机赶紧穿过大厅，跑回原告的房间喊道："哎呀，不好了！代表要带着最后的报价走了！你最好赶紧同意他的报价，这样每个人都能高兴地回家。"几分钟后，三方聚在一起签署了文件。值得注意的是，在这里，达尔确确实实进行了心理操纵，但出发点是公平地对待各方的利益。他这么做也的确成功了。

你要怎样运用这种策略并且获得成功呢？你可能只是很害怕撒谎。比如，有些人对撒谎有一种黑白分明的态度。[18] 这个态度足以让人们成为糟糕的故事讲述者。曾有多少次你们听到朋友无力地试图讲述一个真实的故事而最后仅仅只讲了一些无关主旨的细节？“我当时正在上微积分课，那时候是 9 点……啊，不对，我认为那时候 10 点了。”

THE UPSIDE OF YOUR DARK SIDE

让有一点精神病态倾向的人讲故事的好处是，他不会纠结于无关紧要的细节，而只会简明地带过，因为这些并不影响故事的准确性。精神病态的人能够看到更大的图景，服务于更宏大的目标。

回避真相对于其他人来说很难，因为他们觉得这无异于欺骗或者其他不道德的行为。如果你能明白“真相其实是一个灰色地带”和“你的行动是为了提高他人的福祉”，那么精神病态者的选择似乎就不再难以接受了。

然而，是什么使达尔以及其他像他一样的人，在这些紧张的状况下表现得这么好呢？达尔是一个性格和善、举止温柔的人，没有人会觉得他有精神病态倾向。但是他确实拥有一些类似的能力，他反应很快，面对压力状况时能保持超凡的镇定。这种淡定的状态有时候会让我们联想到连环杀手，但这在调解中也是非常有帮助的，特别是对于急诊室的医生和解救人质的谈判专家们来说帮助尤其大。其实，这也是一种表演技巧：**背台词**。精神病态者认为自己做的都是对的，这种自信就像演员在熟记台词后，确信自己演出时绝无差错一样。即便碰上意外情况，你还可以调用演员和精神病态者都具备的能力：**即兴发挥**。

当你在人生舞台上想要利用你的优势影响其他人的时候，还有一种方法，即**扮演导演**，来给人们安排角色。社会心理学家很久以前就知道，人们承担的角色，无论是作为女儿、丈夫、救生员、老板还是志愿者，都会对他们的行为产生现实的影响。菲利普·津巴多主导的斯坦福监狱实验就是这一理论的经典实例。在这个实验中，津巴多找来一群斯坦福大学的本科生，并让他们中的一部分人扮演囚徒，另一部分人扮演监狱看守。这个“剧情”延续了几天后，“监狱看守”们出现了越来越多的虐待、谩骂行为。他们强迫“犯人”们做非常多的俯卧撑，把“犯人”们从睡梦中叫醒，并孤立他们。要知道，这些“看守”们在几天前可都是心理健康、三观正确的大学本科生啊。

角色扮演虽然有着超出人们想象的力量，但却并不只会导致不好的行为。举一个中国学生林浩的例子吧，这个例子还挺鼓舞人心的。你可能还记得，年轻的小林曾经在 2008 年北京夏季奥运会的开幕式上和姚明一起带领队伍前进。而在奥运会前几个月，林浩在四川省的家刚遭遇了一场巨大的地震，地震把房屋夷为平地，在这场地震中有将近 7 万人遇难。当时年仅 9 岁的林浩因从学校的废墟中救出了两个他二年级的同学而出名。当被问及他的英雄行为时，林浩提及了他的角色，他说出了一句名言一般的话：“我是班长，当英雄就是我的职责。”

如果你想要通过操纵让一个人成为你想让他成为的那种努力工作、改变世界的人，有一个最简单的方法，那就是让他们扮演最能发挥他们长处的角色。当美国侨民彼得·林德伯格（Peter Lindberg）在中国台湾地区教英语的时候，他注意到，他的学生们在有了英文名以后，发生了巨大的变化。这些原本含蓄、说话温柔的孩子们突然变得很外向，就好像他们是美国人一样。现代商业社会也渐渐地开始使用角色的力量，公司会在分配任务时将岗位命名为课程总监或者娱乐总监。虽然这些角色称号可能显得有些庸俗，但是它们也确实起到了让人们遵守特定行为规范的作用。

自恋：提高团队创造力的决定因素

杰克·冈卡洛（Jack Goncalo）和他在康奈尔大学的研究团队出于对自恋者在团体中影响力的好奇心，组建了一些 4 人小组，并且告诉他们，他们的任务是成为某个公司的顾问团。[19] 这个公司有一些严重的问题亟须解决，因此他们要想出一些创新的可以实施的行动方案。小组成员面临的压力不仅仅是他们自己想成功，研究团队还给他们施加了额外的压力。成员们被告知，有两名组织心理学方面的专家会给他们的想法单独打分，最后选出最好的方案。

研究团队给了这 73 个 4 人小组几个星期的时间来完成他们的方案。而在这之前，这 292 名被试者还接受了关于自恋特质的测试。项目结束后，研究人员会询问他们与小组成员之间的互动情况，比如针对有关想法的辩论以及做决定之前是否考虑了所有的备选方案等。根据专家们对方案的评定结果，与通常我们认为的“自恋的领导人很坏”的想法不同的是，自恋者太少或自恋者太多都会让小组的动力和创造力无法达到最优状态。无论是从小组进程还是从方案质量上来看，**那些有两名自恋者的团队，比只有一个自恋者的团队以及没有自恋者的团队表现得要好**。

你可能会问，为什么我要找一个自恋者在我的团队里？为什么两个自恋者会表现得更好？原因是，标准和规则都是创造性思考的障碍。要想有创造性，人们就要挑战固有认知。自恋的人因为觉得自己特别，且拥有浮夸的幻想，所以很少会考虑社会接受度的问题。他们不会武断地放弃那些看似荒谬或者难以实施的想法。迈克尔·麦可比（Michael Maccoby）在他发表于《哈佛商业评论》上的文章中，为我们提供了很多成功的自恋者的例子。自恋者可以让人们停止聊天，开始做事情。

> 纵观历史，自恋者们频频出现，他们启发人类，并创造未来。当一个社会面临军事、宗教、政治冲突时，总会出现一些拿破仑、甘地、富兰克林·罗斯福这样的人物来主持社会事务。但是，当商业成为社会的发动机时，情况就会发生变化，一些自恋的领导者也会随之诞生。这个世纪初的状况就是这样，安德鲁·卡内基、约翰·洛克菲勒、托马斯·爱迪生、亨利·福特等人开始利用新技术，重塑美国工业……杰克·韦尔奇或者乔治·索罗斯是富有成效的自恋型领导者的代表。他们是有天分、有创造力的策略家，能看到未来的远景，发现高风险商业行为的意义，并改变世界，留下属于他们的传奇。我们之所以关注这些在巨大转型时期成就斐然的自恋者，是因为社会阶段性的变革时期需要他们大胆、创新的行为。高效的自恋者不仅能自己承担风险，完成工作，还能巧舌如簧地鼓动大多数人参与进来。[20]

自恋者喜欢做一些大胆出格、引人注目的事情。他们往往走在潮流的前沿，一旦他们打破了常规，别人便会跟风。创造性的第一条规则就是，你必须敢于冒着犯错、失误、被大众围观的风险行事。当团队中只有一个自恋者的时候，他容易招来大家的侧目和暗地里的嘲笑。但若这个团队中有两个自恋者，那么他们就会形成一个不容忽视的少数派。他们会促使那些善良、有同情心、无私的（非自恋者）团队成员改变策略，迎难而上，从而赢得别人的赞赏。

“泰迪效应”还能从另外一个角度促进创造力，那就是，它会使一个人变得好辩。有创造力的人通常有一个共同的问题：他们容易固执己见。这可能是因为，灵感涌现时的美好感觉会让人感觉自己的点子酷毙了。看看新口味可口可乐、形状怪异的铃木 X90，还有魔鬼辣炸三角薯片这些在会议室里讨论时听起来很炫的产品你就知道了。一些批评反对的声音，或者说扫兴的现实主义论点，其实是必不可少的。这样才能避免我们盲目推崇自己的创意。汉斯·艾森克（Hans Eysenck）是进行智力和人格测验的先锋，他因这样的一个说法而出名：只有那些经过激烈的头脑风暴得到的结果才是有用的。为什么很多父母、老师还有机构都无视艾森克的建议呢？

各类组织机构都很需要创造力，并且总希望创造力是可控的。有一个问题长期困扰着管理者们，那就是，擅长解决问题的“智多星”总是不愿意遵守规则，并且厌恶日常琐碎的工作。另外，企业喜欢新想法，但是又痛恨随之而来的不确定性。有没有一种方法能够调和这两者的矛盾呢？幸运的是，我们有沃顿商学院的詹妮弗·穆勒（Jennifer Mueller）和她同事们的研究结果作为参考，他们已对创造力开展了10多年的调查研究。[21]

想象你就是穆勒的研究中的一个被试者。你工作很努力，有一天，你的一个同事说，公司赚了一笔钱。同时你被告知，你可能会获得其中的一部分，但是为了避免大家为“谁贡献大”“谁应该得到更多奖金”这样的问题争吵，奖金金额将以随机抽取的方式来决定。你觉得兴奋、焦虑，充满了不确定性。在设定这一研究环境后，每个人都需要在电脑前回答一些问题。调查者们想知道如下问题的答案：当你在这种不确定感的状况下，即你被告知，你得到的奖金与你的付出没有关系，只是随机决定的时，你对现状的态度会发生什么样的变化？特别是，当你觉得不确定的时候，你会更倾向于稳定感而对新颖的想法采取不太开放的态度吗？

研究者们知道，开门见山地询问被试者们是否重视创造力其实没什么用。几乎所有人都知道应该回答“是”，并且会把自己的答案往这个方向靠。为了避免发生这种情况，穆勒和她的同事们使用了电脑反应时间测试（这样很难作弊），目的是检测人们对创造力是否有着无意识的偏见。结果再清晰不过了，当人们处在一个高度不确定的环境中并被询问是否重视创造力时，95%的人都会说："是的，创造力很好！"但是，当电脑系统测试大脑自动联想的词汇时，那些处于不确定状况下的人会把创造力与呕吐、痛苦这样的词联系在一起。

现在我们更加接近于掌握那额外 20% 的竞争优势了。当我们想要摆脱不确定感的时候，我们会把自己对创造力的消极态度隐藏起来。要想对创造性的点子持开放和接纳的态度，那就必须对不舒服的感觉也持这样的态度。从我们所知道的"泰迪效应"来看，自恋的人格特质在应对不舒服的感觉时非常有帮助。就这一点而言，当你在听到自我感觉良好的人更擅长面对不确定性的时候，就不会感到惊讶了。他们会坦然地面对恐惧，并不害怕它，因为他们每天脑子里想的都是如何奔向自己理想的生活，如何得到自己想要的东西，以及他们的工作方向是什么。经过上述对于"泰迪效应"的最后思考，我们想问你，如果你不再花那么多时间去处理那些困扰你的不良情绪、感觉、欲求及回忆，那么这些时间你会拿来做什么呢？想一想你为了减少社交不适感都放弃了什么？你的生活空间又是怎么一步步缩小到如今这步田地的？

"泰迪效应"是不是世界上邪恶行径的起源呢？它可能是，但是它也可以是美丽、幸福、意义和成长的源泉。如果你能掌握它的这些益处，那么你就能成为一个更强悍、更有弹性、更机敏的领导者。

本章提到的这些"黑暗"行为其实是我们基因蓝图的一部分，这一点我们从年仅 4 岁的孩子们身上就能看出。这些"黑暗"行为是扎根于这个社会的，我们的社会更青睐那些冷酷、理性的领导者，不论是老师、运动员、外科医生、警察还是那些为国家而战的战士们。

THE UPSIDE OF YOUR DARK SIDE

在适当的场合，我们可以充分利用马基雅维利主义、自恋和精神病态特质中蕴含的优势来应对紧张状况、吸引其他人、鼓励自己追逐梦想。如果你能够认识到自己心理的黑暗面，并在需要的时候加以利用，那么你就能在关键时刻获得那额外 20% 的优势。

每个人都拥有摆脱困境、走出低落的工具，只是很多人都不会使用这些工具，因为他们在那一刻往往会觉得，与做必要的事情以获得成功相比，当下感觉舒服更重要。

科学研究表明，当情况危急的时候，我们应该放弃温和善良的做法。有时候你需要表现出果断和强势，这不仅仅是为了你自己，也是为了你身边的人，为了你的下属、同事和家人们。通过学习与人相处的强硬策略及温和策略，你可以在工作和生活方面获得额外的助力。

本章重点总结

THE UPSIDE OF YOUR DARK SIDE

❶ 什么是“泰迪效应”？

- 以相同态度面对自己的光明面和黑暗面，毫不退缩地直面社交活动中的不适感，能助人实现圆满之道。

❷ 泰迪效应的“黑暗三巨头”：

- 马基雅维利主义

  优点：让人对形势变化保持高度敏感，能根据实际情况做出正确的选择。

- 自恋

  优点：让人在追求自己想要的东西时，更少地做心理斗争。

- 精神病态

  优点：增强人承受强烈情绪的能力。

❸ 什么是“超越平均值效应”？

- 定义：是一种自我满足的错觉，认为自己的能力是超过人类平均水平的。
- 表现：情感脆弱、怀疑心重、对抗心强，以及努力寻求赞美。
- 缺点：易使人自视甚高、好斗，承受巨大压力，心理脆弱。
- 优点：使人孜孜不倦地追求自己的目标，让人逐渐变得迷人、自信、强大。

❹ 与人相处的 2 种积极操控术：

- 强硬的方法

  表现：①与挑衅有关的行为；

  ②通过自己的方式让别人觉得你做的事情是对的。

  特点：更加公开、剧烈，有时候具有强制性。

  运用：直接、快速达到目的。

本章重点总结

THE UPSIDE OF YOUR DARK SIDE

- 温和的方法

  表现：①基于吸引、诱惑、暗示的行为；

  ②通过唤起对方愉快或难过的情绪来达到目的。

  特点：非对抗性，让人难以察觉。

  运用：润滑社会关系，解决争端。

5 角色扮演的方法：

- 背台词。
- 即兴发挥。
- 扮演导演。

6 “泰迪效应”促进创造力的方式：

- 使人自恋：自恋的人拥有浮夸的幻想，往往会去挑战固有认知，做一些大胆出格、引人注目的事情。
- 使人好辩：批评反对的声音，或扫兴的现实主义观点，可以避免人们盲目推崇自己的创意。

THE UPSIDE

只有同时接纳积极和消极情绪，才能成功

OF YOUR

WHY BEING YOUR WHOLE SELF--NOT
JUST YOUR "GOOD" SELF--DRIVES SUCCESS
AND FULFILLMENT

DARK SIDE

没有痛苦，就没有意识的觉醒。人们做各种荒谬可笑的事情，只为避免直面自己的心灵。然而，若你向往光明，就不能只靠想象，而要勇于在黑暗中探寻。[1]

——卡尔·荣格

我们生活在一个特殊的时代。在过去，成功者都是最强悍的人：战争中勇冠三军的斗士，或者是比赛中无往不胜的足球健将。然而时移世易，现在已经是极客们的天下了。他们创造的科技产品让所有人都爱不释手。如今亿万富豪榜上最多的是出身科技界和数学界的人物。每年暑期档引领票房的也都是科幻题材的超级英雄电影。过去谁要是在学校里提起《星际迷航》，估计会被人塞进储物柜里恶整一顿，但现在印着《星际迷航》图案的 T 恤衫却成了复古和情怀的象征。当年那些争论《星球大战》系列电影到底孰优孰劣的孩子们，现在已经成长为商业领域的巨头，一言一行都牵动着我们的出行、投资、交流和娱乐生活。

正是这种由科幻迷引领的时代潮流，让我们认为有必要提到一个关于圆满的特殊例子：海王（Aquaman）。我们先简单介绍一下海王，以防你没看过与之相关的漫画。海王是和蝙蝠侠、超人、神奇女侠生活在同一个宇宙中的超级英雄，而且还是海底王国亚特兰蒂斯的统治者。海王可以在水下呼吸，像鱼儿一样来去自如。他能够通过心灵感应与所有水生生物交流，此外，他还有一套超酷的黄金战甲。这些能力让海王在处理鲨鱼作恶、船只倾覆、城市沉没等危机时威风无比。不过，几乎所有的银行抢劫案、种族屠杀和超级反派的罪恶行径都是发生在陆地上的。

这就可以解释为什么在漫画迷眼中，海王一直都是最没有存在感的超级英雄。蜘蛛侠除了拥有超强的力量和蜘蛛般灵敏的感官外，他还是个呆萌可爱的毒舌少年；金刚狼是个亦正亦邪的独行侠，有着一双锋利无比的金属爪；神奇女侠美丽而自律，强大的战斗力甚至能让她与超人一战。海王呢？他只是个能在水下呼吸的游泳健将？这听上去似乎他更像迈克尔·菲尔普斯而不是托尼·史塔克那样的超级英雄。

其实海王比大家对他的第一印象要厉害得多。首先需要说明的是，占据地球表面 70% 的海洋都是他的领地。反观冷酷多疑的蝙蝠侠，他永远只在小小的哥谭市里维护正义。海王还可以和海豹、海象等鳍足类动物沟通。只要是在海岸线、环礁、沙洲等有水的环境里，它们都能帮助海王打击犯罪。如果考虑到这一点，我们完全可以说海王在地球生物圈 80% 的范围内，都是绝对的守护神。当然，剩下的 20% 就不一定了。

为了把自己的能力范围拓展到百分之百，这位挥舞着三叉戟的“超级游泳健将”必须深入发掘自己的情绪、认知和社交能力。我们先来看看他的社交能力：海王是一个很有魅力的人，作为亚特兰蒂斯之王，他对英雄同道一向热情慷慨。海王因此交到了很多朋友，打击犯罪的范围也随之拓展。在漫画里的“战壕篇”中，海王充分展现了他在社交方面的天赋。[2]漫画讲到，一位博主在海边餐厅遇到海王后，非常粗鲁地问道：“你作为一个没有粉丝的超级英雄是一种怎样的体验？”海王没有与他争论，而是塞给了服务员足以供她的孩子们上大学的小费（看见了吧，现在我不就有几个超级粉丝了吗）。至于他的钱是从哪里来的，又是怎么塞进紧身衣里的就是一个未解之谜了。

海王在遇到能力范围之外的问题时，绝不会垂头丧气地窝在水下洞穴里。他会发挥作为正义联盟一员的影响力，号召包括蝙蝠侠、超人、神奇女侠、闪电侠、绿灯侠在内的一群世界上最强大的超级英雄们，冒着受伤、死亡的危险来帮助他。他不仅对自己的弱点有着清醒的认识，他还有优秀的社交能力，能够助他得到战略伙伴的支持，因而补足他所缺少的最后 20% 的缺憾。

也许你觉得我们花了这么多篇幅来讨论一个虚构的超级英雄很蠢，但我们希望你能重视海王，因为他正是本书主旨的绝佳象征。我们大多数人都安于自己有限的能力，生活在 80% 的舒适区里，但是我们也可以像海王一样掌握那额外 20% 的能力。通过本书的众多章节，我们带领你体验了不同的情绪机制，并探究了相关的科研成果，而所有这些都旨在说明，当下社会主流的幸福观念需要进行全面改进。其中的重点在于：

◎ 舒适上瘾降低了我们对于恶劣环境的抵抗力（第 2 章）；

◎ 我们一直忽视了消极情绪的潜在价值（第 3 章）；

◎ 一味追求幸福反而会招致不幸（第 4 章）；

◎ 无念也是一种有益的思维模式，尤其是在它与正念交替使用的时候（第 5 章）；

◎ 马基雅维利主义、自恋和精神病态的人在与顽固难缠的对手打交道时很有优势（第 6 章）。

我们需要摆脱对所谓幸福的迷恋，接纳更加多样的价值观，正确地看待海王的成功范例。

积极偏差之弊与悲观主义之利

积极乐观的文化习惯其实会导致一些认知上的偏差，这一点值得反复强调。不过别担心，这是一个普遍存在的问题。如果你是在美国长大，或者是来自与美国文化相近的英国、加拿大或澳大利亚，那么你很可能有一些自己都意识不到的积极文化习惯。

先从微笑讲起吧。你外出的时候，多半会对路上遇见的快递员、咖啡师、同事，甚至是陌生人报以微笑。但是你知道美国人正因为这种微笑的习惯而闻名吗？《孤独星球》（*Lonely Planet*）指南甚至专门提醒，去法国的美国人不要对陌生人微笑。[3] 因为对于美国人来说司空见惯的微笑，在巴黎街头其实是近乎让人嗤笑的愚行。美国人的乐观倾向是如此普遍与强大，以至于它已经具有了某种文化辨识的效果。就像人们在学习第二门语言或者讲家乡方言时有口音一样，不同的文化也有各自的“口音”。这种“口音”可以通过面部表情和肢体语言体现出来。

积极偏差

在一次实验中，研究者要求一些美国人单纯靠观看某人的照片，来判断该人是来自美国还是澳大利亚。[4] 如果照片里的人面部平静，那么这些美国人猜得还没有掷硬币碰运气准。但是如果照片里的人都面带微笑，那么这些美国人就能很迅速地辨别出非语言的“口音”，猜对的概率飙升至 60% 左右。这个研究证明，美国人其实很善于捕捉眼部肌肉的动作等面部细节，从而分辨不同笑容之间的微妙区别。微笑作为一种外在表现，代表了深深植根于西方民众内心的积极文化习惯。

这就是心理学家所说的“积极偏差”，指的是有些人会人为地放大所有事物好的一面。[5] 这一点在美国人评价比较抽象和宏观的事物时体现得尤为明显。比如，在某项研究中，当同样被问到对教育或生活的满意度时，西方人给出的肯定答复明显要比亚洲人给出的多。[6] 即使被问到的美国人其实对昂贵的教材、无聊的课程和讨厌的早课时间等不甚满意，最后结果也是如此。这是因为，人们很难对自己的教育经历做出一个整体评价。你能否从 0 到 100，对自己的全部教育经历或者所有的生活细节给出一个准确的评分？美国人在遇到这种问题时，往往会依赖自身的文化习惯做出判断，所以个个都是乐天派。

美国人的积极文化倾向还体现在对未来的乐观主义心态中。由密歇根大学的爱德华·张（Edward Chang）教授带领的研究团队发现，美国人比日本人更愿意相信未来会更好。[7]在实验中，美国人觉得偶遇多年老友之类的好事发生在自己身上的概率，是别人的两倍左右；而自己碰到坏事，例如考试没通过的概率，则不到其他人的三分之二。与此迥异的是，日本人认为自己霉运当头的概率会是别人的 2.5 倍。这种杞人忧天似的悲观主义恰恰与美国人的乐观主义相悖。但是密歇根大学的张教授却指出，过分乐观可能带来不利的后果。**有时候做了最坏的打算，或者说具有防御性悲观的思维模式，反而更有利。**

根据韦尔斯利学院朱莉·诺勒姆（Julie Norem）教授的研究，防御性悲观主义者常常“怀着最深的希望，做着最坏的打算”。[8]虽然这听起来很怪异，似乎是一种需要调整或者改善的个性，但是你可千万别这么想。防御性悲观主义者并不会永远以悲观的心态看待一切，或者随时准备在生活中遭遇挫折。对于他们来说，即使以往的生活都一帆风顺，他们对未来也绝不掉以轻心。如果一位母亲要带着三个淘气鬼赶飞机，那么她很可能会进入防御性悲观主义的思维模式，比如说：

◎ 对于即将发生的事情抱着最坏的打算（飞机上邻座的人大概会烦死我们吧，不过没关系，因为我自己也快被烦死了）；

◎ 想象所有可能发生的糟糕细节（孩子们会揪下某人的假发，当作飞盘甩来甩去；机长会在广播里提醒大家看好我们这一排，这样他们就知道飞机为什么会出事了）。

防御性悲观主义者会想象自己遭遇不幸时的反应，而不是永远抱有乐观的心态，或者回避消极的想法或感觉。朱莉·诺勒姆发现，防御性悲观主义者通过完全压制自身的积极心态，能够很好地应对挫折或失败带来的威胁。他们通过想象最坏的场景，将焦虑化为行动，采取实际措施降低危害。[9]

你也许会想，难道一定要心情坏才能表现得好吗？两者为什么不可以兼得呢？对于有这种想法的人来说，诺勒姆和张教授的研究成果无疑是一个沉重的打击。在他们的研究中，战略性乐观主义者和防御性悲观主义者在不同的条件下玩飞镖游戏的得分总体相当，但是他们发挥最佳水平的情况却各不相同。在实验中，一部分人在投飞镖前会听一些放松的音乐，另外一些人则幻想自己投飞镖时脱靶的场景。

对于战略性乐观主义者来说，事先聆听放松的音乐会提高三成左右的实际得分。但是另一方面，对于防御性悲观主义者来说，幻想负面结果之后的得分也比单纯的放松或者期待完美发挥之后的表现高出三成左右。诺勒姆的研究成果表明，“积极情绪对于防御型悲观主义者有着消极的影响”。当他们心情愉快时，容易过于自满，反而会失去往常有利于发挥的焦虑感。所以，如果你想打败一个防御性悲观主义者，只要让他高兴就可以了。

更有意思的是，已经有初步的研究证据证实，防御性悲观主义者并不像一向乐观的人那样，会对消极情绪反应强烈。换句话说，对他们而言，最坏的情况也不是很难接受。[10] 事实上，有研究证实，**防御性悲观主义者比乐观主义者更善于应对充满压力和挑战的情境**。当新加坡政府提醒公众注意防备重症急性呼吸综合征（SARS）时，防御性悲观主义者会比乐观主义者更加担心，他们会采取更多的防护性措施。这些未雨绸缪的举动帮助他们更有效地保护了自己和家人的生命安全。

那么，在一些较为宏大的社会问题上，保持乐观是不是会更有利呢？众所周知，男性和女性在科学、技术、工程、数学等领域的表现差异很大。这种性别差异大约有 60% 是源于背景知识和准备工作，而剩下的 40% 则归结于女性自卑、自轻、自弃的心理压力。如果女性在参加某项测试前就接触到关于性别差异的提示，那么她们的消极情绪就会被激活，因而也就表现得更加糟糕。不过令人惊奇的是，防御性悲观主义者的表现却不会受此影响。这类参与者在参加测试前就已经在脑海中预演过失败的场景，因此性别差异的刻板印象对她们来说，就如同橡皮子弹一样没什么威胁。

同样的现象也适用于很多刻板印象，比如，黑人学生在智力方面不如白人学生，以及少数民族学生在学校的表现总是欠佳等。[11] 在白人学生占主导地位的大学里面，黑人学生往往饱受所谓智商低等刻板印象的困扰。研究者们对于防御性悲观主义在这种环境中发挥的作用很感兴趣。研究发现，具有防御性悲观主义思维习惯的黑人学生很少退学，而且成绩也更好，他们“常常幻想事情搞砸了该怎么补救”或者“即使感觉没太大问题，也会做好最坏的打算”。**总而言之，一点小小的心理技巧就能帮你解决看似不可能克服的难关，不过前提是：你必须放弃没有益处的乐观主义心态。**

即使是乐观主义者，偶尔也会策略性地运用悲观主义心态，甚至这点连他们自己都意识不到。[12] 乐观主义者会通过一种自我欺骗的小花招，即所谓的“回溯性悲观主义”来做到这一点。比如当他们在某项任务中遭遇挫折时，他们会在心理上不自觉地回溯到事件开始前，重新评估该项任务的可行性。从修改后的全新视角出发，他们会以更悲观的心态考虑自己成功的可能性。他们越往深处想，就越觉得在当时的条件下，失败几乎是不可避免的结果。

下面我们来看看研究者是怎么发现这一现象的。在一次实验中，研究者先向参与者展示了一个场景，比如某人刚刚接手了实验室助理的工作。这个场景里既有积极的因素，譬如这个助理提出了一些新颖的研究思路；也有消极的因素，比如说他弄坏了几件重要的实验器材。研究者会要求参与者，先判断这名实验助理通过努力获得成功的概率，然后再判断这个虚构的对象最终是获得了空前的成功还是惨痛的失败。研究发现，当这名虚构的实验助理遭遇失败时，乐观主义者更倾向于认为失败是注定的结果。乐观主义者似乎将失败视为无法逃避的命运，更容易让人接受不幸的事实。

THE UPSIDE OF YOUR DARK SIDE

关于悲观主义之利与积极偏差之弊的研究给了我们一个深刻的启示：从心理学角度来说，现在是时候抛弃长期以来的成见，重新定义到底何为积极、何为消极了。积极和消极都是我们最伟大的目标，即圆满的组成部分，而追求圆满才是通向心理健康与成功的可行之路。

实现圆满之境才是心理学的终极目标。正如医学的根本目的是在于维护人体健康，而不只是开处方或者正骨。在科幻小说或电影描绘的未来场景中，人们通过微型机械或者药片就可以改变 DNA、修复受损细胞、延长寿命，达到完美的健康状态。心理学家们孜孜以求的圆满之境也与此类似。圆满之境还有许多名字，包括“全能之心”和“心由自主”等。

其实我们对于圆满的追求已经悄然渗透到生活的每一个细节里了。我们经常会遇到与圆满类似的概念，其中有一些甚至是相互矛盾的。比如在工作场合，它的表现形式就是经理和领导者常爱挂在嘴边的“最佳表现”“全情投入”“完美胜任”等流行词汇。在家庭教育方面，我们对圆满的认识则是“适应身份转换”和“处事成熟稳重”。心理学上的圆满就如同灵修所乞求的顿悟。

现代心理学家并没有天真到无视各种神经症、人生苦难和人性黑暗面的负面影响，但是他们也不会坚持认为这些因素就像癌细胞一样，是必须根除的。这才是现代心理学家与一般心理学研究者真正的分歧所在。事实上，大部分现代心理学家都认为，经历各种消极情绪状态不仅是成长过程中无法避免的环节，而且在利用得当时还有助于人们走向成功。

罗伊·鲍迈斯特（Roy Baumeister）是佛罗里达州立大学的一名具有开拓精神的心理学家。[13] 他对同僚们只关注积极情绪的观念并不苟同，他以一种包容的态度看待人性的光明面与黑暗面。鲍迈斯特说："在我看来，这个世界上有很多事情都是相互转化的，善行和恶行往往如影随形。比如，有的人贪污受贿，损害集体利益，但他们最初的目的却是支援家庭和亲人。"著名的瑞士精神学专家卡尔·荣格曾经以一段诗意的语言描述过这种状态："所谓圆满之人，既曾与上帝携手偕行，也曾与魔鬼抵死战斗。"

我们再来看看由哈佛商学院艾莉森·布鲁克斯（Alison Wood Brooks）提出的一项研究成果。[14] 艾莉森发现，不管人们是在唱卡拉 OK 还是在参加考试，只要处在与个人表现相关的场合，人们都会很容易紧张。其实很多人都知道这种现象，因为焦虑状态实在是太常见了。许多大学还会允许有严重考试焦虑症的学生延期考试。布鲁克斯发现，人们在遇到这种高度紧张的状况时，会强行让自己冷静下来，比如做深呼吸、聆听舒缓的乐曲、放松肌肉，或者用我们之前提到过的口号"保持冷静，继续前进"来提醒自己。艾莉森很聪明，她意识到可能有另一种处理方法。正如我们在第 3 章所提到的，焦虑最为突出的特征在于，它是一种高度兴奋的情绪状态。艾莉森想知道的是，人们是否可以利用这种情绪状态，而不只是试图降低其兴奋程度。

THE UPSIDE OF YOUR DARK SIDE

焦虑：让你表现得更好

在一次实验中，艾莉森找来近 100 名参与者唱卡拉 OK。她还特意让参与者高声演唱知名歌曲《一定要相信》（*Don't Stop Believing*）的头几句歌词。如果你和我们一样不擅此道，那么光是把这些歌词从脑子里过一遍，就足以让你心跳加速了。艾莉森把这些参与者随机分为两组，让他们在演唱之前，先说一段诚挚的自我表述。其中一组人会承认自己感到焦虑；另一组人则把这种状态重新定义为“兴奋”。有趣的是，虽然这两组人在唱歌前的焦虑程度基本相同，但兴奋组成员却普遍表现得更好。经过一个复杂的检测流程，兴奋组的歌唱准确度达到了 80%，而焦虑组只有 53%。

艾莉森继续运用同样的方法，来研究人们对公开演讲的恐惧心理。她发现，大众普遍认为激动（而非冷静）的演讲者更有说服力，更有能力，也更自信。艾莉森将这些发现再次推而广之，运用到人们在数学领域的表现上，她又一次获得了成功。最后艾莉森总结道，如何应对内在情绪，比我们想象的要重要得多。那些能够将焦虑重新定义为兴奋的人，哪怕是刻意的，也都会因此获得一种微妙而强大的助力，因为他们可以将内在情绪的干扰转化为对外部环境的适应。艾莉森将这种能力称为“机会主义心态”。

我们想说的是，在人性的黑暗面中寻找改变的机会，其实是一种前卫而健康的观念。**本书的基本论点可以概括为：摒弃人类天性中所谓的消极情绪，只会抑制你的潜力。**如果你能在某些短暂的时刻，不仅是认可，而且还能敞开胸怀接纳那些让你不舒服的心理状态，那么你就能最大限度地获得真正的成功，并且达到圆满的境界。这才是真正的“人生极乐”，而不是某些弱不禁风的幸福感。

让幸福矩阵平衡而稳定

我们曾经参加过一档电台节目，主持人声称他近几十年来一直都很快乐。他公开吹嘘这件似乎不可能实现的成就，就好像他已经达到了人类最高等级的心理状态，即某种情感上的顿悟。但是在我们看来，他好像与现实生活脱节了。难道他从来没有经历过亲人去世？从没经历过挫折？从没目睹过不公平的事情？比起他如何在困难面前保持快乐，我们更关心他为什么要这么做。我们认为，美好的生活当然是愉快而幸福的，但也不止于此，因为真正的幸福不仅仅是短暂的快乐。下面列出的是我们认为，对于成功和幸福生活至关重要的一个矩阵，它代表了大多数人努力奋斗的方向（见图 7-1）。

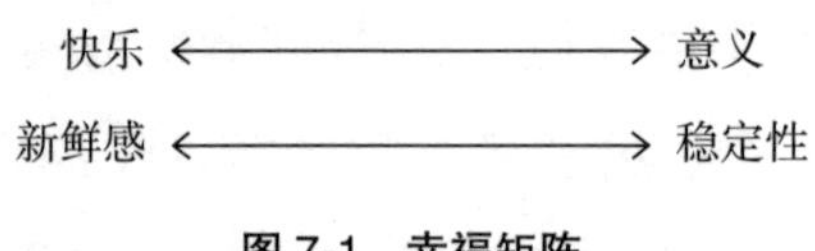

图 7-1　幸福矩阵

就像在现实生活中一样，这个矩阵所包含的体验是丰富而富有变化的，有时甚至是自相矛盾的。我们列出的是美好生活的两个主要维度：第一，快乐和意义；第二，新鲜感和稳定性。简单地说，人们既想要体验快乐和有意义的生活，又想要平衡生活中的新鲜感和稳定性。每个人对于理想状态的追求，必然存在着个体差异，但是在追求方向上大体是一致的。我们并不是说，这就是实践得出的真理，不存在其他重要的维度。只是说这两种衡量维度可以代表我们日常生活中的大多数体验。在接下来的内容中，我们会依次对它们进行分析。

什么时候该追求意义，什么时候该体验快乐

激励你与魔鬼勇敢战斗是一回事，但是支持你真的这样做又是另一回事。在前面的章节中，我们已经介绍了各式各样的研究思路，也论述了多如牛毛

的研究成果，我们只是希望能说服你，那些让人讨厌的消极状态背后其实有很多值得关注的东西。怀疑论者会指责我们宣扬愤怒、抛弃理性思维、鼓吹心理操纵。那些没有读过本书的人可能也很容易把我们当成愤世嫉俗、自私刻薄的人。但是你应该有更好的理解。在此，我们想基于你的这份善意，为你提供一些关于如何在工作和家庭中获得更多成功的建议。

正如之前所说，圆满建立在一系列能力之上，而这些能力源于心理上的灵活性。[15] 我们称之为思维、情感和社交方面灵活的掌控力。我们的基本理念是：所有心理状态都是有用的。换句话说，它们都能够服务于特定的目标，比如寻找车钥匙、在停车场保护自己的人身安全、开展商业谈判，或者是和孩子的老师争论。在我们看来，与其把想法和感觉看作是对外界事件的反应，不如把这些状态视为应对环境需要的工具。**简而言之，不要再把你内心的状态贴上“好”或“坏”、“积极”或“消极”的标签，而是要去思考它们在特定情境下是否有用。**

对此最好的例证就在幸福之中。幸福是所有人都努力追求的一种美妙而又难以捉摸的状态。在科学界，幸福是一个超级热门而具有争议性的话题。一方面，研究人员长期以来一直在寻找快感（hedonia）的来源。[16] 哲学家和历史学家理查德·克劳特（Richard Kraut）对快感的定义是：“相信自己得到了一直渴望拥有的重要事物，以及伴随这种信念而来的某些令人愉快的感觉。”所以快感就是当你看到自己的新书付印、跨越马拉松长跑的终点线、经历一段美好的性生活、收到升职加薪的消息、在聚会中享受每个人都自由唱歌、跳舞和傻乐氛围时的感觉。这听起来棒极了，我们也想去体验！

另一方面，还有一些科学家专注于研究“良好生活”（eudaimonia）。[17] 这一术语来自希腊语，因为亚里士多德而著名，它主要是指合乎德性的生活，并努力发展自身的全部潜力。所谓“良好生活”就是：要乐于帮助他人 [18]；

面对困难坚韧不拔；常怀感恩之心；精益求精，发展自身的长处，比如发展运动的技巧、诚实的品质，专注的精神。这听起来也棒极了，而且很有意义，我们也想要实现！

人们在追寻真理的过程中，围绕这两种类型的幸福展开了一场学术大战。有些人对于生活只是为了乐趣和游戏的想法感到不安，这完全可以理解。对这些人来说，乐趣是肤浅的，我们只有追求超越个人需求的伟大目标，才能得到更深层次的、真实的幸福。[19] 从表面上看，享受快乐或快感似乎是追求人生目标和意义的一个低成本的捷径。但是我们对于这种先审视快乐的类型，然后判断其值得赞扬还是应该嘲笑的想法不以为然。

这让我们想起了去年的几次访谈，有些人提到，当他们听说有一部精彩的电视剧叫《绝命毒师》，或者有一部优秀的小说叫《笨蛋联盟》（*A Confederacy of Dunces*）时，他们骄傲地说："但我从来不看电视或小说，因为我没有时间可浪费。"我们一般会这样回复："所以你是想说，好的故事、有趣的角色和创造性的想法都是在浪费时间，是吗？"这时他们通常会收回刚才的声明，然后说："其实我有一个很喜欢的节目……"这种情况太常见了，人们总是想当然地认为，他们幸福感的来源比其他人的要优越，但他们却忽略了幸福其实有无限种可能。对我们来说，最有趣的事情莫过于研究让人们感兴趣，并且无法克制自己不去做的事情。特别是当这种无法抑制的热情关系到对人自身的认知、兴趣的本质，以及对生活意义的追求时。

这就是说，我们希望你不要把快乐看成一种微不足道的消遣或自私自利的追求。快乐是美好的。我们对来自 30 个国家的 25 万名参与者进行了一项研究。我们发现，追求快乐是一种普遍的现象，世界各地的人都喜欢刺激、放松、美食、音乐、性爱和其他常见的快乐。人们在回顾生命中最美好的时光时，提到的往往都是一些日常生活中的小乐趣，比如喝咖啡、做按摩、看日落、去攀岩，还有和孩子们依偎在温暖的毯子里的时光。这些都是很单纯的美好，不用探究宇宙真理或者体验某种精神成长。

然而，快乐和意义的二分法却忽略了更重要的事实：很少有人是单纯的享乐主义者，也很少有人会完全沉浸于对人生意义的追寻。我们更应该关心的问题是："究竟什么时候应该追求意义，什么时候又该体验快乐？"

解决这个问题的方法之一，就是用图表来分析你所感受到的每种状态的时间。这正是心理学家金玄荣（Jinhyung Kim）和她在首尔大学的同事所做的研究项目。[20] 在这项研究中，金玄荣的团队要求人们将当前这一周（代表此时此刻）和明年的同一周（代表遥远的将来）的所有活动安排，在日历上全部列出来。他们可以把任何想做的事情写进日历里：和朋友聚会然后跳舞直到深夜、看娱乐节目、逛水上乐园、在公开场合弹奏钢琴、倾听朋友的烦恼、养成早起的习惯和在健身房锻炼等。随后，研究团队将这些活动分为寻求快乐型、寻求人生意义或目标型（比如那些想成为一个舍己为人、诚实正直、品德高尚的人），还有一些其他的类型。研究者们发现，在涉及未来的计划中，与目的或意义相关的活动要多出 34%。我们越是关注遥远的未来，对人生意义的追求就越是强于快乐。

这项研究成果与罗伊·鲍迈斯特（Roy Baumeister）及其同事发表的一篇文章的观点不谋而合。[21] 罗伊的团队采集了近 400 名成年人追求快乐和意义的经历作为研究样本。他们发现，快乐与现实导向的思维密切相关，而意义则与对过去或者未来的思考相关，比如祖父母回忆养育孩子的经历，或是年轻人制定重要的人生目标。

重点在于，快乐和意义的关系就像跷跷板，两者都很重要，只是在不同的时间有不同的侧重（偶尔还会完全平衡）。人们通常会牺牲一些短期的快乐，比如吃甜点或者参加聚会的快乐，以获取未来导向的意义，比如参加铁人三项比赛或者读大学。一般来说，当你愿意暂时放弃快乐时，还需要做一些让你讨厌的活动，比如为准备考试而复习、在午后冒雨跑步、熬夜写工作报告等。在这些情况下，你主动选择了不愉快的经历。虽然你不希望这种经历占据你的生活，但它们确实会让你更强大，而且往往会给你带来更多的成功。

THE UPSIDE OF YOUR DARK SIDE

关键在于，你要改变固有的思维模式，从只关注你喜欢的感觉，转而思考什么才是真正有用的。你希望你的生活有重要的意义，但你也想在实现意义的过程中享受快乐。你能否成为一个既关注快乐又注重意义的人，取决于你的时间观念。

请好好想一想下列问题：

◎ 在接下来的一小时中，你是愿意为了快乐放弃意义，还是愿意为了意义放弃快乐？

◎ 在接下来的一整周中，你是愿意为了快乐放弃意义，还是愿意为了意义放弃快乐？

◎ 在接下来的一个月中，你是愿意为了快乐放弃意义，还是愿意为了意义放弃快乐？

◎ 在接下来的一整年中，你是愿意为了快乐放弃意义，还是愿意为了意义放弃快乐？

当研究人员向人们提出这些问题时，他们发现快乐和意义之间的平衡，存在一种明显的变化趋势[22]，即人们容易被短期快乐和长期意义所吸引（见图 7-2）。这就好像人们在说：“我很看重意义，只是现在不太关心而已！”原来我们都是短期的享乐主义者和长期的“圣徒”啊！更重要的是，没有人能被准确地归类为一个完全快乐至上的人或者意义至上的人。

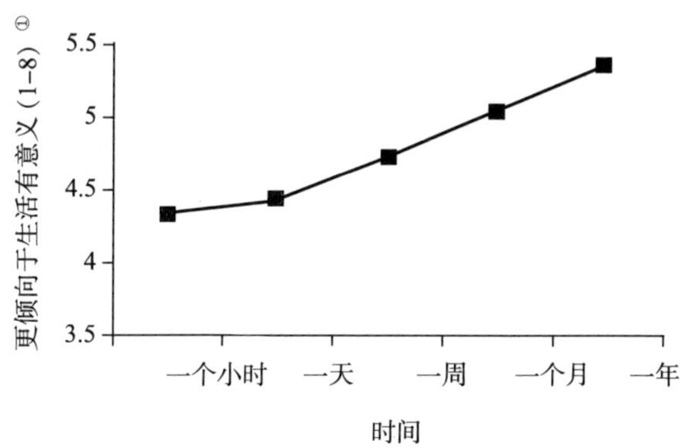

图 7-2 注重意义与时间观念的关系图

坦率地说，没有快乐只有意义的生活是无趣的；一味追求快乐，没有渴望完成的理想或者想要实现的目标，即毫无人生意义的生活，也是一种缺憾。[23] 如果你想知道圆满的境界是什么样子，可以想象有一个人，他的一只脚陷在当下，珍惜所拥有的一切，另一只脚迈向未来，寻求未知的意义。这种状态可以用一个圆满公式来概括：

圆满公式

快乐 / 一小时 ＋ 成长和牺牲 / 一个月 ＝ 圆满[24]

是时候结束快乐与意义之争了。让我们向着深刻而有意义的方向前进，去寻找生命的终极目标、人类存在的本质，探索我们居住的这片广阔的宇宙吧！不过也许正如《银河系漫游指南》（*The Hitchhiker's Guide to the Galaxy*）的作者道格拉斯·亚当斯（Douglas Adams）所说：“世界的终极答案就是一个简单的数字——42。”与此同时，我们也要在日常生活中保持快乐，在不违背

① 竖轴将“为追求长期意义而生活”分为了 8 个级别，此处仅节选 3.5~5.5 级。——编者注

基本价值观的情况下，享受感官、社交和知识带来的快乐。不要受限于什么该做或不该做，让自己成为圆满的人，实现更好的生活才是关键。

平衡新鲜感与稳定性

当你考虑退休以后的生活时，想象自己可以从事各种愉快的消遣会是一件很有趣的事情。你可以与热带鱼一起浮潜、在科德角的吊床上晃悠，还能随时陪老伴儿喝杯酒。事实上，如果你把退休看作一段拥有无尽悠闲而又有益的消遣的话，它确实很有诱惑力。但是你忽略了还有倒垃圾、换灯泡、回收干洗的衣服之类的琐事。研究者大石茂弘和他的同事找来了一些退休人员和非退休人员，让他们评估新鲜感和稳定性在退休生活中的重要性。[25] 研究发现，非退休人员更看重新鲜感，他们希望退休后能认识不同的人，发掘自身潜藏的天赋，尝试以前从未体验过的爱好等。相比之下，实际已退休的人则更倾向于熟悉的环境。他们希望定期与家人和朋友相聚，也想要熟悉自己病史的医生。事实上，对于退休人员来说，在变化与挑战中获得成长、发展自身的全部潜力和扩展社交圈都不是什么快乐的事情。

这项研究让我们注意到另一种“跷跷板”式的平衡关系。新鲜感和稳定性带来的心理激励都是人们所渴望的。**一方面，新鲜感让人好奇又兴奋。**我们在个人成长的过程中确实需要复杂、神秘、充满不确定性和挑战性的经历。没有它们，我们就会停止学习和成长。**另一方面，稳定性带来的可预测性又会让人感到安宁。**稳定的环境会带来无所不知的掌控感，让人觉得自己是安全的，可以自由地做自己想做的事情。

这个跷跷板的两端都是美好生活的必要组成部分。为了说明这一点，请你好好想想下面这个思想实验。以下两种场景你更喜欢哪种？场景 A：你在今后的生活中必须保持客厅的环境一成不变。你不能重新布置房间、购买新家具、摆放新照片或艺术品，或者用鲜花装点这个房间，房间必须保持原封不动。场景 B：你的客厅布置每天都在变，它可能今天是现代风格的，明天是包豪斯范儿的，后天又变成了装饰艺术派的。日复一日，你每天都可以在墙上发现新的装饰物：周二，18 世纪的韩式屏风占据了中间位置；周三，房间四面都是透明的玻璃。那么问题来了，你到底想要哪一种生活呢？你的回答代表了你的个人倾向，你可能热衷于冒险，也可能更渴望稳定。无论你偏好哪种生活，你都会发现，这种生活在持续一段时间后就会让你觉得非常压抑。所以说，变化性和可预测性都是美好生活的必要部分。

新鲜感和稳定性也有各自的缺点。在熟悉的环境中，你会感觉平静、放松警惕，很少有精神上的负担。但是太过稳定时，你又会觉得自己像笼中的困兽一样，来回踱步逡巡，我们通常把这种状态称为无聊。[26] 当我们处在单调乏味、缺少紧张感、毫无意义的环境中时，就会有无聊的感觉。看来我们又找到了一种人们努力回避的情感体验。无聊之所以让人讨厌，不仅是因为人们在无聊中很难找到任何类似快乐或意义的东西，也是因为，它可能被视为一种个人缺点。人们总有一种倾向，认为有足够智力或内在动力的人永远不会无聊，因为他们可以自娱自乐。有句话是：如果你感觉无聊，那说明你本身就是一个无聊的人。[27]

布里吉德·卡罗尔（Brigid Carroll）和她的同事通过一项研究发现，有几十位首席执行官、总经理和其他高级领导都认为，无聊不利于员工在工作场合的表现。[28] 在他们看来，无聊意味着下属缺乏强烈的进取心。然而，还是有少数领导者能够认识到无聊的实际价值。

无聊怎么会有益呢？在印度教和佛教传统中，无聊被认为是有所顿悟和发现的前兆。父母有时希望自己的孩子感到无聊，因为他们有一种直观的感觉：孩子们在克服这种不适状态的过程中，会静下心来探索自己感兴趣的东西，并找到发泄精力的渠道。我们希望更多的父母相信，当孩子们感到无聊时，他们会自己找到解决的办法，而不是替他们安排好从早到晚的所有活动，以保证他们不会感到无聊。这也不仅是我们的看法，美国儿科学会（American Academy of Pediatrics）在 2007 年发表的一份共识声明中提到，儿童自主的探索性游戏比由成人指导的结构化活动，更有利于他们在情感、社会和精神方面的成长。[29]

爱德华·威尔逊（Edward O.Wilson）在他的自传《大自然的猎人》（*Naturalist*）中描述了无聊的价值：

> 青春期的人可以悠闲地探索生命，成人却遗忘了慵懒的深层意义。他们总是低估白日做梦和精神漫游给心智带来的成长……我经常呆坐很久，观察池塘边缘的水面和植被，寻找盘成一圈的鳞片、荡漾的涟漪，以及视线之外水花飞溅的声音。[30]

我们如何应对无聊的状态，决定了无聊对于我们是否会产生有利的影响。例如，你可以用随时都在手边的智能手机来消除无聊的感觉。只要你的兴趣转移了，或者想逃避某种情绪，你便可以在任何时候写短信、发邮件，打电话给别人；没有人回应不要紧，你还可以上网、玩游戏，并且完全忘我地投入其中。但是这种随时随地娱乐的方式，也使我们陷入了一种逃避自身感受的恶性循环。我们其实是在防御和逃避不适的感觉。如果我们每次感到无聊时都强迫自己接受娱乐的刺激，那我们就会错过精神漫游时偶然获得的成长机会。

就像其他的无意识状态一样，在无聊的过程中也会发生一些特别的事情。思维发散的最好结果是获得创新和成长的启迪，最坏的结果也只是短暂的不适。无聊还可能是一种低能量的状态，它表明你的工作已经完成而且已受到了认可。也就是说，正因为你没有需要做的事情，才会觉得漫无目的。但是这种方向感的缺失也证明了你已经圆满地完成了任务。**最后一点，无聊感还会产生激励效应，促使人们去追求新鲜感。**它能帮助人们跳出自满的舒适区，放弃稳妥的生活，重装上阵，迈入充满不确定性和挑战性的领域。

就像稳定性偶尔会带来沉闷、无聊感一样，新鲜感也有其黑暗的一面：太多的新鲜事物会引发焦虑。对于长期的产品开发、婚姻纠纷，乃至一场去欧洲的说走就走的旅行来说，持续的变化都会让人觉得难以应付。紧张感是一种情绪信号，它告诉人们，是时候慢下来，控制过多的新鲜感了。**无聊和焦虑虽然让人不愉快，但是它们很有用。这两个信号都表明，你已经在生活中新鲜感或者稳定性的一边，停留得过久了。**

理解这两个概念之间相互作用的关键又得回到时间范畴上。正如我们之前所看到的，快乐是一种短期偏好，而意义是一种长期追求，新鲜感和稳定性也是如此。新鲜感主要是一种快速的体验。如此强烈而吸引人的新鲜感，令时间好像迅速溜走了一样，让我们在瞬间的热情中迷失了自我。新鲜感既不是消极的，也不是积极的，而是由情绪融合带来的一种鲜活而充实的感觉。相比之下，稳定感则总是缓慢的，身处其中，你总会有充分的机会去反应、思考、评估和判断正在发生的事情。我们可能因为珍惜所拥有的一切而感到愉快，也可能因为生活重复单调而感到厌烦。

你可以依靠自己对时间的感觉，来判断生活是否需要加速或减速。当你感觉时间似乎要停止的时候，即产生“枯燥无聊”的感觉时，你会发现过去、现在和未来之间似乎没有任何区别。无聊的状态让人感觉时间实在是太多了。另一方面，当生活节奏太快时，无休无止的感官过载又会带来猛烈的冲击，让你陷入恐慌。

慢节奏的美在于，它能提供足够的心理空间，让你来决定如何看待熟悉的人、活动和环境。你能在看似熟悉的地方找到不熟悉的东西吗？假如今天的一切都和昨天的完全一样，你能发现此刻有什么独特之处吗？你不可能永远快乐，但你可以总是保持深刻的洞察力和好奇心。[31]

快节奏的美在于，它会让你精力充沛。利用好它的诀窍在于，你需要根据自己的价值观，将这些精力运用到你最关心的事情上。如果你想理解何为价值观导向的生活，那么可以参考 GPS 系统的工作原理。当你在使用 GPS 系统时，只要你拐错了弯，它就会立刻为你提供新的导航路径。GPS 系统不会斥责你犯下的错误，你只会收到即时的导向信息，帮助你继续最初的旅程。价值观导向的生活方式也与此大致相同。

就像 GPS 并不强迫你沿着最初设定的路线前进一样，遵循某种价值观或生活目标，也并不意味着它是唯一的路径。比如说，你最基本的目标可能是要成为一个富有爱心、耐心细致、温柔体贴的父母，但有时候你还是不顾一切地想要避开孩子，享受二人世界，或者花上一段时间，体验按摩师提供的身体推拿和磨砂服务。即使你背离了自己的价值观或目标，也并不意味着它们就此无效。我们无法保证自己永远走在正确的路线上，那是不可能也不合理的。毕竟，就像我们在上一章中讲述的，每个人都有做伪君子的时候。

对于圣雄甘地的儿子们来说，甘地总是一个严厉、苛刻、疏忽的父亲，然而这无损于甘地的目标，即鼓舞人们对敌人也要抱有同情心。甘地是一个伟大的人，但是他也和其他人一样有缺点。这种对甘地的解读不但没有亵渎他，对他来说反而还是一种解脱。甘地的曾孙图沙尔·甘地（Tushar Gandhi）这样说：

> 甘地已经被伟人的光环所绑架了。如果我们把甘地当作偶像崇拜，那么就会很轻易地说我们无法成为像他那样的伟人。我们应该把甘地看

作一个普通的、脆弱的，但仍然努力去实现一些事情的人。我们要效仿甘地这样的人，而不只是崇拜他们。

图沙尔的话让我们都松了一口气。我们没有必要试图保持爱、工作和娱乐的完美平衡。完美的平衡并不是圆满的意义。圆满就是要以开放和包容的心态面对你的全部：光明面和黑暗面、优点和缺点、成功和失败。在此，我们还要加入两点：快乐和意义完美结合的生活、同时接受新鲜感和稳定性。当你承认这些看似矛盾的因素同时存在于自身时，你就拥有了更强的力量和影响力，以及应对未来生活挑战的活力、敏锐力和毅力。

学会情绪区分，让你成为更好的自己

2001 年 9 月 11 日上午，当客机撞上纽约双子塔的那一刻，人们意识到，世界开始发生了变化。为了记录这些事件及其影响，来自《纽约时报》和其他媒体的记者们走上了街头，寻找本地人进行街头采访。在接下来的日子里，有两名受访者的反应与众不同：

我的第一反应是强烈的悲伤……但是接着就是愤怒，因为悲伤无法带来任何改变。

我有很多感觉，没办法一一分辨，也许有愤怒，有困惑，也有恐惧。9 月 11 日那天我感觉很糟糕，真的非常糟。[32]

如果让你来猜一下，你认为上面两者谁更擅长忍受痛苦，更能在压力之下朝着自己的目标而努力？第一个人非常确切地指出，在强烈的悲伤后，随之而来的是汹涌的情绪，以及发泄愤怒的欲望。第二个人非常努力地想要描述内心的情感，但最后却只能说他感觉不舒服，心情很糟糕。

现在想象一下，被新闻记者录下来的这一刻，就是这两名纽约人表达自己感受的最典型方式。你大概和我们一样，认为那些对自己情绪有着清晰认知的人受到环境压力的影响更小。你的想法是对的。第一个人能够清楚地认识到他在压力下的确切感觉，因而能够快速激活自身的反应策略。愧疚感能让他成为更好的人，羞耻感则让他远离别人。这种认识还能辅助决策，帮助人们决定是要维持现状还是采取改进措施。如果他无法确定自己是否感到愧疚、羞耻、愤怒或者恐惧，那么他就会更加难以处理不适的感觉。他可能会为了让自己感觉更好，而采取下意识的反应，比如大量饮酒，或者给那个不停插话想转换话题的家伙来一巴掌。我们的研究成果也已经证实了这一点。

清楚地区分不同情感的能力是你应该掌握的技能，而且好消息是，你还可以通过学习来更好地运用这项技能。举个不太恰当的例子，你也许会害怕蜘蛛。或者说，你像大多数人一样，觉得蜘蛛那 4 厘米左右的紫色外形和球状的腹部很恶心。如果说有什么难题是心理学研究已经彻底攻克了的，那就是蜘蛛恐惧症。这种治疗的核心是暴露疗法。它是如何产生效果的呢？很简单，就像有人带着你亦步亦趋地学习走路一样，治疗会帮助你在曾经害怕的地方逐渐获得安全感。在第一次治疗中，你可能会读到《夏洛特的网》这本书，并仔细观察夏洛特挂在蛛网上的插图。一旦克服了这一难关，下一步你可能便会观看关于蜘蛛的纪录片，观察蜘蛛是如何爬上墙壁，如何用蛛网捕捉蟋蟀、蚱蜢和蝴蝶的。

接下来，我们会提升恐惧的等级，让你观察被关在密闭的罐子里的活蜘蛛。这个罐子被放在一个封闭的房间里，你进入房间，站在 20 米之外，然后一点一点地靠近罐子，最后把密封罐拿在手里。等到准备好了，就打开罐子。就这样，再经过几个阶段，你就可以忍受蜘蛛在你的手臂和腿上爬行了。只要 4 ~ 6 周的时间，我们甚至可以让害怕蜘蛛的来访者开着仪表盘和前座上爬满蜘蛛的车，在空旷的停车场里来回兜转。绝不骗人！这个过程听起来比实际情况要吓人得多。需要补充的一点是，只有当来访者的焦虑程度稳定在一个较低的水平，并且主动接受下一步更为严苛的测试时，我们才会进入下一阶段。暴露疗法对此是有效的。事实上，包括我们自己在内的好几个研究小组都发现，使用这种方法可以在不到三个小时内打消人们对蜘蛛的恐惧。[33]

THE UPSIDE OF YOUR DARK SIDE

给情绪贴标签

我们还找到了一种叫作情绪标签的方法来改进这种疗法。为什么我们要改进一个本来就行之有效的疗法呢？这是因为心理学家发现，情绪标签的治疗效果确实惊人。以下是来自加州大学洛杉矶分校的三位心理学家的研究成果。[34]他们找了一些害怕蜘蛛的人参加暴露疗法，过程基本与上面描述的一致，除了其中一些人采用了额外的手段，比如使用积极化思维（“在你面前的是一只小蜘蛛，它很安全”）、经验回避（“嘿，你上一次用牙线是什么时候”），或者是分析自身的感受并贴上标签。人们可以通过情绪标签详细描述每一种不同的感觉，比如好奇蜘蛛是如何粘在垂直墙面上的，厌恶蜘蛛毛茸茸的外表，害怕蜘蛛会爬到自己身上或者咬上自己一口。

研究者在评估哪一种干预效果最好的时候，发现经过乐观思考训练的人，以及采取经验回避方式的人，其治疗结果反而比刚开始时更糟。而经过情绪标签训练的人，进步效果最为明显。运用情绪标签的治疗过程，增强了他们自身处理对蜘蛛产生的恐惧情绪问题的能力：他们普遍反映自己看到蜘蛛时的恐惧变少了，比之前平均下降了 18.1%，生理反应程度也降低了，比之前平均减轻了 27.5%。这些人能应对的恐惧等级也上升得更多了，基本上已经从提心吊胆型思维转变成了随机应变型思维。

这些发现之所以令人印象深刻，是因为情绪标签是一种简单易学，却被许多人忽视的技能。为什么会这样呢？因为我们总认为这是小孩子才玩的游戏。当你走进幼儿园的教室时，你会发现墙上贴着一张海报，教孩子们区别悲伤、愤怒、沮丧、孤独、怀疑和困惑等不同的面部表情。我们现在要告诉你的是，成年人的情绪认知能力也亟待提高。尤其是当你在追寻成功和幸福，并且想要获得额外助力的时候。在日常生活中分辨积极情绪和消极情绪，并且追求更高频率的积极情绪确实是有益的。这是众所周知的。但我们这本书的目标是引领你进入更高的层次。

在追求舒适感之外，如何描述、区分以及处理情绪也是很重要的。当你被问到现在的感觉时，可能会给出一些类似于孩子们的简单答案：棒极了、还好吧、很糟糕。如果人们很难把情绪通过语言表达出来，而只能以好坏来区分，那么就很容易被压力击垮。在这种情况下，压力往往还会转化成健康问题。如果我们能更加熟练、精确地区分我们在特定情况下的感受，那么消极情绪也就不再是什么麻烦问题了。以下是我们发现的一些明确的研究结果：

- ◎ 在压力过大时，那些能够细致、精确地描述自己感受的人，每次去酒吧或参加聚会时，喝的酒都会比那些不清楚自己感受的人要少 40%。
- ◎ 在被人惹怒时，那些能用丰富的词汇来描述自己感受的人，比那些说不清自身感受的人，在言语和身体上与冒犯者（霸凌者、挑衅者）发生冲突的概率要少 40%。
- ◎ 在抛球游戏中被排斥时，那些能熟练描述和区分某一特定时刻感受的人，其大脑中主管身体和情感痛苦的区域（岛叶和扣带回）活动较少。也就是说，在不愉快的场合，能够辨别和区分情绪的人表现得更镇定。我们可以在他们的神经活动中观察到这一点。[35]

我们发现，通过理解和区分消极的情绪，我们可以改造它们，保护身心健康。我们会变得不容易受到不良情绪调节机制的影响，比如暴饮暴食、侵犯他人和做出自我伤害的行为等。认识到自己有大量消极情绪并不意味着你就能成功处理这些情绪。真正的决定因素在于，你是否能有效地区分不同的感受。这是一种完全超越了“积极是好”和“消极是坏”的先进观念，它代表了你对自身情绪的态度和你识别自身感觉的准确程度。

你可能会问，如果人们一直反刍自身的消极情绪会不会有什么问题？答案取决于这种思维模式是否具有强迫性。过分反刍情绪的人有时会陷入消极思想和消极情绪的源头。在这种情况下，反刍行为会把我们拉入痛苦的深渊，阻止我们去做更有意义或者有趣的事情。

但是情绪区分与情绪反刍或强迫性思维不同，它是对于此刻感觉或想法的观察和描述，绝不深入纠缠。因为我们只是把情绪当作信息来处理，而这种情绪区分能让我们在日常生活中变得更加敏锐、聪明和强大。这也反映了整本书的主题。

虽然情绪区分确实有效，但是人们很少自发运用这项能力，人类会天然地通过分门别类的方式理解世界。[36] 人类的大脑为了节省储存空间，会把日常生活中的事物，按照相同的特征归类到一起，比如树木、城市白领群体、人类。在每种类别之下的事物，都有着某些相同的本质特征。这种本质主义的概念听起来有点像拼图游戏。那么大象和松树是同类吗？答案是否定的，因为大象和松树具有不同的本质，它们没有重叠之处。如果把问题换成“医生会不会是老年人”，答案就是这两者确实有重叠的地方，因为医生和老年人都是与人相关的概念。

事实证明，人们也会对情绪进行归类。你可以试着问自己，愤怒和尴尬是一回事吗？那些倾向于对情绪进行归类的人，即相信所有消极情绪都可以归为一类的人，是不太可能去分辨它们有什么不同之处的。因此，他们没办法同时体验到不同的情绪。正如尼采所说："语言决定意识。"

针对那些被人们武断否定的黑暗面，我们提出了一种新的看法。如果你接受了这种观念，那么你将有机会拓宽自我意识的范围。

THE UPSIDE OF YOUR DARK SIDE

你不再需要在积极情绪和消极情绪之间做出选择，因为任何一种选择都过于简单，无助于你理解真实世界的复杂与美好。你要像接纳不同的情绪一样，认可不同的自己。唯有如此，你才能获得更高层次的快乐，跨越更深层次的痛苦。

超越幸福才能达到心境圆满

我们所有人都有着提高生活质量的强烈愿望。我们想要拥有理想、健康、知识和财产，而最终的目标都是取得最大化的胜利和成功。近几十年来，人们不断进步的愿望已经与对舒适的渴望结合在了一起。人们开始越来越多地讨论积极的价值，寻找避免痛苦以及增加快乐的方法。各种博客、杂志、咨询和书籍都在向人们兜售积极价值观。在工作中，积极心态会带来更好的表现，也会让人们相处得更融洽。那些对此心存怀疑的人将此类想法视为盲目乐观主义。他们认识到，过分投入积极面无助于我们应对充满不确定性、复杂性和挑战性的日常生活。用荣格的话来说就是，我们既要与上帝携手偕行，也要与魔鬼抵死战斗。

你不能随意摒弃性格中那些恶劣的、不讨人喜欢的品质。这样做既不健康，也不会有用。压抑自身情绪是一种毫无建设性的行为，因为这会使我们脱离丰富多彩的现实生活。在追求个人成长、爱、人生意义和目标的旅途上，你需要了解自己的所有方面，包括你的黑暗面，并在需要的时候把它们整合到你的日常行为中。不要压抑、忽视或隐藏你的黑暗面。当你意识到它们的存在，认可它们，甚至准备好去面对它们的时候，你就会发现，你已经走在了通往美好生活的道路上。否则，你将被恐惧所奴役，并为你的人生经历和个人成就人为地设定限制。我们必须充分利用我们唯一的生命，并达到圆满之境。

致谢一

这本书是我人生经历的完美总结。我很小的时候就失去了母亲，她没能看到我成年的样子。但是当我了解到她的个性和兴趣后，毫无疑问，我是她的亲生儿子。我的祖母靠自己一个人，勉强驯服了我的叛逆天性。我很怀念她们，我所做的一切都是为了向她们致敬。

因为我的原生家庭成员很少，所以我决定自己给自己创造一个更大的家庭。10多年来，我有幸带领了一群聪明好学、与众不同的学生，在实验室里研究社会焦虑、性格优势及相关现象。如果没有威廉·布林（William Breen）、帕蒂·费尔齐斯（Patty Ferssizidis）、尼娜·法默（Nina Farmer）、利娅·亚当斯（Leah Adams）、埃文·克莱曼（Evan Kleiman）、亚历克斯·阿夫拉姆（Alex Afram）、凯文·扬（Kevin Young）、杰茜卡·亚布罗（Jessica Yarbro）、法伦·古德曼（Fallon Goodman）、萨姆·蒙福特（Sam Monfort）、丹尼尔·布莱洛克（Daniel Blalock）、凯拉·梅切尔（Kyla Machell）等人的帮助，我的工作效率、创造力和日常研究成果将会受到很大影响。在这本书的写作过程中，凯文·扬和法伦·古德曼的贡献不可或缺。他们帮助我集思广益，统筹研究成果，并且回归到人本主义而非科学至上的思维模式。

作为一名科学家和作家，我需要大量独处的时间。但我同样珍惜与朋友、同事们相处的时光，正因为他们的活力、才华和乐趣，这些年来我一直都能轻松自在地生活。

我无法逐一列出和感谢给我带来巨大帮助的科学家们，他们无私地跟我分享了自己未发表的研究成果，并通过电子邮件、电话和面对面交流的方式回答了我一连串的问题。同样，我也无法对我的朋友、亲人、熟人、来访者和学生们一一表达我的感激之情。他们常常在无意中给我提供了一些重要的想法、故事和建议，这些都使这本书变得更充实了。

我很幸运，乔治梅森大学（George Mason University）的同事和工作人员们都非常支持我的工作。他们的支持让我能够随着自己的性子，成为自由的“狐狸”，而不是一条路走到底的“刺猬”。[①]其中有三个人很快成了我生命中最重要的人，他们是我智囊团的三大支柱。

南丝·卢卡斯（Nance Lucas）是幸福发展中心（Center for the Advancement of Well-Being）的负责人，她是一位满怀初心、善解人意、情商超高的领导榜样。我每次看到她，都会不自觉地微笑，每次听她讲话都会受到鼓舞。我很敬佩她，因为她总是能让身边的人展现出最优秀的品质。她让我们领略到了真正的领导艺术。如果有更多像她这样的领导者，世界将会变得更美好。

盖洛普咨询公司的调查显示，如果某人在被问到“你最好的朋友是否跟你在一起工作”的时候回答“是”，那么这个人将会在工作中更加投入，并更有成效。多年来，我总是能对上述问题毫不犹豫地回答“是”，因为帕特里克·麦克奈特（Patrick McKnight）一直在我的身边，所以我碰到的任何压力都会如同橡皮子

① 以赛亚·伯林在《刺猬与狐狸》中，以刺猬和狐狸区分了两种类型的知识分子及其对待世界的态度。——译者注

弹一样从我身上迅速弹开。我们每天早上 7 点的头脑风暴活动，就像周六晚上的聚会一样有意义而愉快。

保罗·罗杰斯（Paul Rogers）是我的知己。他睿智风趣、讨人喜欢，并且思想开放、遵守原则。他语重心长的话语值得尊敬，他还是我认识的所有人中最棒的父亲。如果我出了什么意外，我唯一想将孩子托付给的人就是他，这是我的肺腑之言。

感谢我的编辑卡洛琳·萨顿（Caroline Sutton）和哈德逊街出版公司（Hudson Street Press）的整个团队对这本书出版的支持，他们和我们一起感受走在这条蜿蜒曲折的道路上经历的痛苦和快乐。这本书在面世前经过了翻天覆地的变化，我们非常感激有机会做出这些改进，让这本书变得更好。

感谢我的另一位编辑彼得·古扎尔迪（Peter Guzzardi），他充满智慧和创造力的工作改变了这本书。他对本书的贡献不容忽视，如果没有彼得，这本书中的精华部分将不复存在。

还要感谢我的图书经纪人理查德·派恩（Richard Pine），他坚强可靠、见解深刻，而且擅长鼓舞人心。他为了让我能自由地探索、冒险和发现更多内容，给了我一个安全的保障，没有比他更好的经纪人了。这是我们合作的第二本书，我想我们的联系将会越来越紧密。

任何写过书的人都知道，写书的征程充满了起伏与挑战，随时都可能在身体的某个角落引发不舒服的感觉。我很幸运能和我最亲密的朋友之一罗伯特一起写这本书，尽管在过去的两年里，我与他交谈的时间比其他任何人都多，但我们唯一的一次争吵只持续了 3.3 分钟。

我还要感谢智囊团中的其他成员，他们让我的生活走上了正轨。巴里和玛丽莲·斯皮茨（Barry and Marilyn Spitz）是我的再生父母。很多人常把无条件的爱挂在嘴边，但却很少有人能真正做到，而巴里和玛丽莲是很好的父母，他们永远能促使我反思自我。

至于我的妻子莎拉（Sarah），如果没有她，这本书是不会存在的。她教我如何成为一个男人、一个父亲、一个对社会有益的人。她善于理解他人的感受，并乐于满足他人的需要。她周围的人总是会不自觉地被她吸引，我也是如此。而且我深知，在她的养育下，我们的三个女儿可以获得一切快乐、满足乃至圆满。

我也将这本书献给我的三个女儿蕾文（Raven）、克洛伊（Chloe）和维奥莱特（Violet）。正是因为有了她们，我才能变得更强大、更敏锐，更加理解了什么才是最重要的。

我的人生理想之一就是帮助她们找到她们的理想。

托德·卡什丹

致谢二

这本书的创作经年累月，如果没有一些人的支持和指导，是不可能完成的。首先，我想感谢我的合著者托德，在他的帮助下，我们的作品远强于孤军奋战的成果。

其次，我还要感谢卡洛琳·萨顿和哈德逊街出版公司的整个团队。卡洛琳，你看中了一块璞玉，非常感谢你能耐心地把它打磨成璀璨的珍宝。同样，彼得·古扎尔迪提供了优秀的编辑指导。彼得，你有一项天赋：你可以指出我犯的错误，还能让我微笑着对你表示感激！我还要谢谢纳迪亚·莱布琴科（Nadia Lyubchik）在我们查阅文献时提供的宝贵帮助。我也想感谢理查德·派恩，他是个非常优秀的图书经纪人，感谢他帮忙整理这本书，让这本书得以面世。

最后，我想感谢我的妻子柯娅（Keya），多年来她一直充满信心地支持我写作。谢谢你！

罗伯特·比斯瓦斯-迪纳

THE
UPSIDE
OF
YOUR DARK
SIDE

注释与参考文献

考虑到环保因素，也为了节省纸张、降低图书定价，本书编辑制作了电子版的注释与参考文献。请扫描下方二维码，下载“湛庐阅读”APP，搜索“消极情绪的力量”，即可获得注释与参考文献。

THE
UPSIDE
OF
YOUR DARK
SIDE

译者后记

在积极心理学和成功学遍地开花的时代，我们迎来了这样一本书，据作者称，这是一本“反积极心理学”之书。本书作者以科学严谨、理智冷静的态度分析了各种社会热门话题及心理现象，比如正念、舒适上瘾、消极情绪、泰迪效应等，颇有几分“不以物喜，不以己悲”的味道。他们强调以实证结果为准，提出了很多反常识的论点：“追求幸福反而招致不幸”“每个人都在操纵他人”“自恋的领导人更加成功”等。这些理论触及了很多人的思维盲区，非常值得深思。

近几十年来，中国的经济和社会高速发展，一线城市的生活水平与世界发达国家无异，这使书中提到的美国 20 世纪八九十年代因为国际形势缓和、国内经济发展而出现的记忆棉床垫、空调、汽车、电子产品等商品也广泛出现在当今中国人的生活中。这些年来，我们听到越来越多有关“抑郁症”“焦虑症”“路怒症”的新闻，也许本书中提倡的观念会给现在快速发展的生活提供一些新的思路和看法。

作者在本书中很推崇“善恶乃是一体两面”的东方哲学，所以在翻译的时候，我们将作者定义的人类在心理方面全知全能的终极目标“wholeness”，用佛教用语中的“圆满”来替代，这个“圆满”并非是西方积极心理学提倡的对于幸福的追求，而是对任何人和事的正面及负面都保持一种开放接纳的态度，不回避消极面，不过分强调积极面的重要性。这与音乐治疗师在做音乐心理治疗中秉承的宗旨是不谋而合的，我们在音乐心理创伤治疗中特别强调，无论是积极的体验，还是消极的体验，都是来访者的资源，是来访者的一部分。作为治疗师，我们的存在就是要引导来访者去接纳这些资源，用好这些资源，来帮助他们解决自己的问题，并从消极的体验中汲取力量。经验告诉我们，人们从消极体验中汲取的力量往往非常强大，远远超过他们从积极体验中得到的力量，这一点正好也是本书作者花大量篇幅来论证的。

我们中国人一向很重视勤劳、善良的传统，而且集体主义友爱互助的思维深入人心，作者在书中肯定了中国人比美国人更为吃苦耐劳的品质。不过，作者也在书中告诉我们，有时候为了更加重要的目标，我们不得不自私一些，但这与道德无关。这一思想目前在中国社会中虽然不是主流，但是也有一些声音出现，这很值得我们思考。

最后，非常感谢王新宇先生在本书翻译过程中提供的帮助，他的认真、细致和完美主义，使这部科学家所写的著作在保留其深度和广度的基础上，变得更具有文学性和可读性，书中一些原本比较艰深的表达也变得更加容易理解，使本书更具有借鉴意义。也感谢湛庐文化的编辑们的辛勤工作，因为有了大家共同的努力，才使这本译著得以在中国面世。

王索娅

未来，属于终身学习者

我这辈子遇到的聪明人（来自各行各业的聪明人）没有不每天阅读的——没有，一个都没有。巴菲特读书之多，我读书之多，可能会让你感到吃惊。孩子们都笑话我。他们觉得我是一本长了两条腿的书。

——查理·芒格

互联网改变了信息连接的方式；指数型技术在迅速颠覆着现有的商业世界；人工智能已经开始抢占人类的工作岗位……

未来，到底需要什么样的人才？

改变命运唯一的策略是你要变成终身学习者。未来世界将不再需要单一的技能型人才，而是需要具备完善的知识结构、极强逻辑思考力和高感知力的复合型人才。优秀的人往往通过阅读建立足够强大的抽象思维能力，获得异于众人的思考和整合能力。未来，将属于终身学习者！而阅读必定和终身学习形影不离。

很多人读书，追求的是干货，寻求的是立刻行之有效的解决方案。其实这是一种留在舒适区的阅读方法。在这个充满不确定性的年代，答案不会简单地出现在书里，因为生活根本就没有标准确切的答案，你也不能期望过去的经验能解决未来的问题。

而真正的阅读，应该在书中与智者同行思考，借他们的视角看到世界的多元性，提出比答案更重要的好问题，在不确定的时代中领先起跑。

湛庐阅读 App：与最聪明的人共同进化

有人常常把成本支出的焦点放在书价上，把读完一本书当作阅读的终结。其实不然。

时间是读者付出的最大阅读成本

怎么读是读者面临的最大阅读障碍

“读书破万卷”不仅仅在“万”，更重要的是在“破”！

现在，我们构建了全新的“湛庐阅读”App。它将成为你“破万卷”的新居所。在这里：

- 不用考虑读什么，你可以便捷找到纸书、电子书、有声书和各种声音产品；
- 你可以学会怎么读，你将发现集泛读、通读、精读于一体的阅读解决方案；
- 你会与作者、译者、专家、推荐人和阅读教练相遇，他们是优质思想的发源地；
- 你会与优秀的读者和终身学习者为伍，他们对阅读和学习有着持久的热情和源源不绝的内驱力。

CHEERS

本书阅读资料包

给你便捷、高效、全面的阅读体验

本书参考资料

湛庐独家策划

- ✔ 参考文献
为了环保、节约纸张，部分图书的参考文献以电子版方式提供
- ✔ 主题书单
编辑精心推荐的延伸阅读书单，助你开启主题式阅读
- ✔ 图片资料
提供部分图片的高清彩色原版大图，方便保存和分享

相关阅读服务

终身学习者必备

- ✔ 电子书
便捷、高效，方便检索，易于携带，随时更新
- ✔ 有声书
保护视力，随时随地，有温度、有情感地听本书
- ✔ 精读班
2~4周，最懂这本书的人带你读完、读懂、读透这本好书
- ✔ 课　程
课程权威专家给你开书单，带你快速浏览一个领域的知识概貌
- ✔ 讲　书
30分钟，大咖给你讲本书，让你挑书不费劲

湛庐编辑为你独家呈现
助你更好获得书里和书外的思想和智慧，请扫码查收！

（阅读资料包的内容因书而异，最终以湛庐阅读App页面为准）

The upside of your dark side: why being your whole self—not just your “good” self—drives success and fulfillment.

Published by arrangement with Hudson Street Press, a member of Penguin Group (USA).

图书在版编目（CIP）数据

浙江省版权局
著作权合同登记章
图字: 11-2018-435

消极情绪的力量 /（美）托德·卡什丹，罗伯特·比斯瓦斯－迪纳著；王索娅，王新宇译．— 杭州：浙江人民出版社，2018.12（2022.6重印）

书名原文：The Upside of Your Dark Side

ISBN 978-7-213-09022-6

Ⅰ.①消…　Ⅱ.①托…　②罗…　③王…　④王…　Ⅲ.①情绪－自我控制－通俗读物　Ⅳ.① B842.6-49

中国版本图书馆 CIP 数据核字（2018）第 267795 号

上架指导：心理学 / 通俗读物

本书法律顾问　北京市盈科律师事务所　崔爽律师

消极情绪的力量

[美] 托德·卡什丹　罗伯特·比斯瓦斯－迪纳　著
王索娅　王新宇　译

出版发行：浙江人民出版社（杭州体育场路 347 号　邮编　310006）
市场部电话：（0571）85061682　85176516
集团网址：浙江出版联合集团　http://www.zjcb.com
责任编辑：蔡玲平
责任校对：杨　帆
印　　刷：石家庄继文印刷有限公司
开　　本：710mm ×965mm 1/16　　　印　　张：14.75
字　　数：185 千字
版　　次：2018 年 12 月第 1 版　　　印　　次：2022 年 6 月第 2 次印刷
书　　号：ISBN 978-7-213-09022-6
定　　价：69.90 元

如发现印装质量问题，影响阅读，请与市场部联系调换。